U0166239

SCIENCE

达·芬奇的科学实验室

像天才一样发明、创造和制作的STEAM实验项目

【美】海蒂·奥林格 著

王凯 译

上海译文出版社

达·芬奇的
科学实验室 SCIENCE

目 录

简介

天才列奥纳多·达·芬奇

这是意大利北部米兰郊外的小乡村。达·芬奇从1482年搬到米兰时就开始记笔记。那一年，他30岁，他惊叹于大自然的美丽，并在笔记本上列出了他所学到的和想知道的一切。

现存于世的列奥纳多·达·芬奇（Leonardo Da Vinci）的笔记本大约有7200页。难以想象，在他去世的五百多年后，我们仍然能有幸阅读他的著作，虽然不是全部。列奥纳多的传记作者甚至相信，在列奥纳多的一生中，他可能绘制了20000~28000页的详细插画笔记，涵盖解剖学、植物学、哲学、生理学、工程学、建筑学、动物学、绘画、几何学、地理学等学科。虽然在那些遗失的笔记中，我们错过了他的很多思想与研究，但从目前可见的7200页里，我们依然能够看到列奥纳多的工作方式，这又何其幸运。

达·芬奇（1452~1519）被公认为14~17世纪欧洲文艺复兴时期的伟大天才，同时，他也被后人称为有史以来最伟大的天才之一。他的笔记本就可以说明一切。达·芬奇的艺术作品中有世界上最著名的《蒙娜丽莎》，而这只是他给我们留下的众多礼物之一。他的画作能给我们带来灵感与启发，同时，他留下的笔记资料也是巨大的财富。本书中，我们将一窥达·芬奇的思维过程，并将其应用到自己的创作中。

可贵的是，达·芬奇从不觉得艺术与科学、科学与工程是毫不相关的；相反，作为科学家和工程师，他将自己的研究完全融入了艺术创作，展现出强大的解剖学、物理学、自然学和几何学功底。他为自己发明的机器和技术配上了优美的铅笔素描稿，这些素描稿完美地呈现了光影和细节，甚至可以直接用作油画的草图。

1503～1506年间，达·芬奇创作了他最著名的画作《蒙娜丽莎》。与这幅作品一样，在大部分他的肖像和其他作品中，达·芬奇都会加入水流、岩石、树木、云彩等元素，而且它们的细节都非常精准。

在笔记本上我们发现，达·芬奇的研究课题往往一个紧接着一个，比如，人体解剖学的素描就与水车的模型草图，及其相关工程项目的笔记记在了同一页上。在达·芬奇的时代，纸张价格昂贵，他实在舍不得浪费它们，因此就把每一个空隙都填得满满的。他把笔记本固定在腰带上，这样就可以随时随地把它拿出来，记录下他脑中迸发出的任何思绪——这对他非常重要。

有关达·芬奇著名的"镜像书写"有很多说法。达·芬奇是个左撇子，对他来说，从右到左书写更加容易。因此，如果要看懂他写些什么，大多数人都必须拿着一面镜子，通过镜面反射的方式才能正确阅读。从这点上，我们能得出一个很有趣的结论，他是一个完全按照自己的方式做事的人。他充满好奇心，喜欢探究事物运作的方式。他对创意的不懈追求，以及为了自己的快乐而努力揭开自然和科学奥秘的热情，使他成为一个天才。他从未停止过提出诸如"为什么天空是蓝色的"这样的问题，而对于答案的寻找也从未停歇，他将这些思维过程都记录在了自己的笔记本中。

在下面这页笔记中，达·芬奇绘制了飞机的起落架部分，并采用"镜像书写"的方法加上了注解。

在他的笔记中，我们还能发现很多其他特质，比如，达·芬奇从不害怕在笔记中指出自己的错误。这一点尤为可贵，也值得我们学习：研究、学习、犯错误，随后认识错误、成长，从而不断地学习和提高。

在达·芬奇的思维方式中，各学科之间没有明确的界限，我们可以一边学科学一边学数学，一边学数学一边学音乐，或者一边学音乐一边学技术。这与STEAM教育的核心不谋而合，即将科学（S）、技术（T）、工程（E）、艺术（A）和数学（M）融合在一起，是一种重实践的超学科教育理念。

下次，当进行某个新项目时，请记住，完成项目的方式和过程，与成果同样重要。而采用的步骤以及投入的热情和想象力，则是让项目最终获得成功的关键。

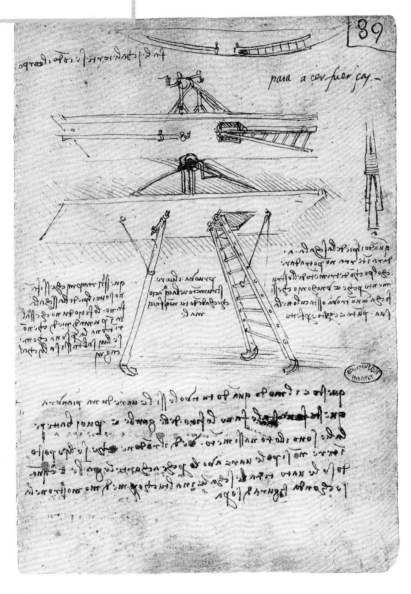

达·芬奇也会喜欢的"科学法"

这是一种可以让我们设计、测试和检查实验结果的科学方法。

"科学法"的步骤

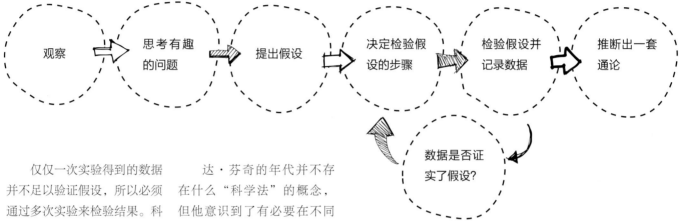

观察 ⇒ 思考有趣的问题 ⇒ 提出假设 ⇒ 决定检验假设的步骤 ⇒ 检验假设并记录数据 ⇒ 推断出一套通论

数据是否证实了假设?

仅仅一次实验得到的数据并不足以验证假设,所以必须通过多次实验来检验结果。科学家往往会通过"科学法"来验证他们的想法。这是一个观察、实验、测试、调整的系统过程,帮助我们确保自己的实验结果是准确的。

达·芬奇的年代并不存在什么"科学法"的概念,但他意识到了有必要在不同情况下多次测试以确保结果是真实有效的。在笔记中,他写道:"在确定通用的法则前,要测试两三次,以观察这些测试是否能产生相同的结果。"

像科学家一样,用"科学法"来完成书中的课题吧!具体步骤如下:

步骤1

观察并提出问题,构建一个可以通过实验来检验的问题或结论,即项目中的假设部分。假设的字面意思是猜想,而在科学法中,假设是一种想要通过研究和调查来证明的想法。

步骤2

确定实验中会发生变化的部分,科学家将它们称为变量。例如,在水质检测中,水本身就是一个变量,因为它会不断地流动。

接着,确定实验中不会发生变化的部分,即"控制变量"。控制变量应当保持恒定,例如,在水质检测中,可以选择每天在同一时间进行测试。

步骤3

了解是否已经有其他人做了相同的实验。即使有，也并不一定要放弃，因为你还没有做过实验，仍有可能产生与别人不同的、你想要的结果。

步骤4

设计一个可以检验假设或想法的实验，并在笔记本中写下实验的每个步骤。

步骤5

根据步骤来完成实验，并记录你的实验结果。科学家将这种实验结果称为"数据"。

步骤6

分析数据告诉了你什么，也就是说，这个实验结果对你来说意味着什么。

步骤7

根据数据得出结论，并进行说明。最终，实验是证实了假设，还是推翻了假设？如果实验证实了假设，那么你能提出新的假设，并加以验证吗？你该如何进一步推进呢？

右侧是专为"科学法"设计的表格，可供大家参考使用。请将其复印，或按照其中的问题在自己的笔记本中做好记录。

像达·芬奇那样思考，提出问题，然后寻找答案。每一门学科，无论是科学、技术、工程、艺术，还是数学，一切都是融会贯通的。

准备一本笔记本，我们将在后续实验中用到它。挑选适合自己的、任意款式的笔记本，比如螺旋装订的、活页装订的或者口袋大小的笔记本。一切准备就绪，让我们从空气和飞行开始，一起挑战达·芬奇的科学实验室吧！

你的名字	实验日期
科学法的步骤	你的记录
你的观察	
你的问题	
假设：对你要验证的内容所做的陈述	
过程：实验操作的步骤	
变量：什么因素会发生变化？	
控制变量：什么因素会保持不变？	
记录你的实验数据	
结论：说明结果	

第一章

插上翅膀

我们在一碗空气分子汤里

空气是有体积的

达·芬奇在笔记本中写道："空气被压缩的方式，就像羽绒床被躺在上面的人压扁了一样。"他意识到空气是有体积的，而且他发现当一只鸟飞向天空时，它的翅膀在推开一些看不见却真实存在的物质。正如达·芬奇观察到的，空气虽然看不见摸不着，但它是真实存在的，而且就在我们身边。

空气由氮气、氧气和少量其他气体组成，如氩气。空气是有体积和重量的。虽然我们看不见空气，但我们能看见它在生活中的作用。

空气是由各种气体组成的混合物，是有重量的。空气是无形的，但同时是人类的生存之本。我们吸入空气中的氧气，呼出二氧化碳。

为了更快地理解空气和我们的关系，不妨想象自己跳入深水、一大桶果冻或者无数乒乓球中。没错，我们身边环绕着数十亿的空气分子，就像在一碗空气分子汤里。空气的重量很轻，但它们仍然会给你和你周围的环境带来压力。

想想在水下游泳的感觉，其实我们每一天都在数十亿的空气分子中"游泳"。

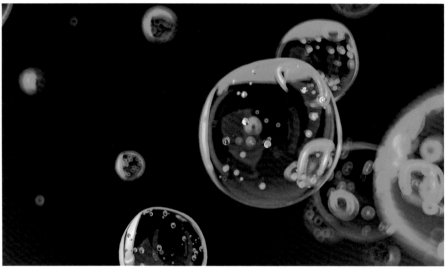

低海拔地区的空气密度明显高于高海拔地区，这是因为越靠近地球表面，地球的引力越强，吸引的空气分子越多。高海拔地区的位置较高，引力较小，空气分子数量较少，空气密度较小。也就是说，空气分子会随着海拔的增高而减少。这就是为什么人们都说高海拔地区的空气更加稀薄。

爱因斯坦的实验室，1905年

通过观察，达·芬奇知道了空气是由物质组成的，但直到四百多年后人类才证实了分子的存在。分子太小，人类用肉眼根本无法看到，更无法确定分子是否真实存在。但是在1905年，阿尔伯特·爱因斯坦（Albert Einstein）在他位于瑞士伯尔尼的实验室里，证实了分子和原子的存在。他用三个关键的工具完成了这个实验：显微镜、秒表和液体。他发现，在液体中，那些可见的微小颗粒能穿过看不见的分子和原子进行运动。爱因斯坦还测试出了分子和原子的运动方式，并同时证明了它们的存在。

空气中的化学

构成空气的氮、氧和氩都是化学元素，它们在空气中的比例如下：

氮气 78%

氧气 21%

氩气和其他气体 1%

其他气体有哪些呢？

微量的水蒸气、一氧化碳、甲烷等。

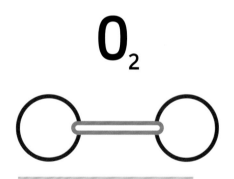

氧分子，化学式为O_2，由两个氧原子组成。氧气占空气的21%。

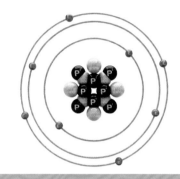

氧原子的组成部分		
亚原子粒子名称	在原子中的数量	电荷
质子	8	正
电子	8	负
中子	8	中性

你能看见多小的物体？

当两个或两个以上的原子相结合，并完全粘在一起时，分子就产生了。原子太小了，所以原子最初的意思是"不可切割"。它有多小呢？让我们来想象一下。

轻轻地从你的头上拔下或者剪下一根头发，然后把它放在一张纸上。头发的宽度是大多数人所能看到的最小的可测量值。头发是固体，而非液体或气体，因此，它的分子和原子是紧密相连的。头发的宽度相当于多少原子的直径呢？大约10万个原子！想象一下，一根头发的表面紧密排列着10万个原子，这太神奇了！

原子是自然平衡的典型案例

尽管原子很小，但它们是由更小的亚原子粒子组成的。"亚"有"次于"的意思，因此这些粒子又称次原子粒子。在每个原子的中心都有一个原子核，由质子和中子组成。原子核周围环绕着电子。

中子是中性的，不带电荷。质子带正电荷，而电子带负电荷。以氧原子为例，原子核中有8个质子，在原子核周围就有8个电子。质子和电子的数量相等且电荷相反，也就是说，质子的正电荷和电子的负电荷之间存在着一种特殊而又自然的平衡关系。两者平衡形成了中性的氧原子，这可以说是自然平衡的典型案例。

虽然你无法看到原子的内部结构，但你可以通过查看元素周期表来确定它。如图，顶部的数字8是元素的原子序数，表示原子核中有8个质子。字母O代表什么？你猜对了，是氧！元素周期表共包含了118种元素，其中包括氮（有7个质子）和氩（有18个质子）。氮气、氧气和氩气是空气的主要组成部分。

通过移动空气体验分子的存在

在这个实验中，你将让隐形物无处藏身。当然，我们谈论的仍然是空气！如果你正穿着长袖上衣，一定要记得把袖子都卷起来，因为我们将要把整个肘部伸入分子中。

你需要准备：

两个透明塑料杯，用记号笔标上编号1和2

鱼缸或其他可以容纳双手和前臂的大容器

水，装满容器

笔记本

铅笔

毛巾，用于清理

实验背后的科学

空气占据空间，也就是说空气是有体积的。当你在桌子上放置一个杯子时，就可以把它想象成一个装满空气分子的杯子。空气由各种分子组成，所以是有重量的。

如果将装满了空气的杯子倒扣在水中，会发生什么？如果杯子中已经装满了空气，那么它是否还有装下其他物质（水）的空间？在笔记本中写下你的预测。

按照下列步骤进行实验，注意仔细观察，并记录下过程中发生的一切。最后，得出结论：你的预测正确吗？

1 卷起你的袖子，拿起装满空气的1号杯，将其倒置着直接放入充满水的容器中。

2 在水下微微抬起杯子。杯中会出现气泡，且气泡向上移动，逐渐浮出水面。这些气泡就是由空气分子组成的。

3 彻底翻转杯子，释放杯中剩余的空气。当气泡消失后，就意味着杯中的空气耗尽了，杯中装满了水。

下面尝试，将空气从一个杯子移入另一个杯子。

4 拿起2号杯。按照步骤1将其倒扣在水中。

5 将两个杯子在水下倒置着并排放在一起，杯口贴着杯口。

6 如图，将2号杯向1号杯倾倒。你会看到空气以气泡的形式从2号杯移动到1号杯。这个过程清晰地展现了空气的存在。

在笔记中，记录你观察到的一切，包括实验结果以及你对空气分子的理解。

Leonardo da Vinci Pitt. Scul. e Archit.

这是一幅达·芬奇的肖像画，创作于1789年。在达·芬奇去世210年后，由意大利艺术家卡罗·拉西尼奥（Carlo Lasinio）创作完成。

启发达·芬奇

现在，你对空气分子已经有所了解了，你会如何向达·芬奇介绍空气呢？请记住，气体直到18世纪才被发现。

如何让达·芬奇从中受到启发并创造出新的事物呢？试着在笔记本中写下一些关键词来描述空气。

达·芬奇和飞行

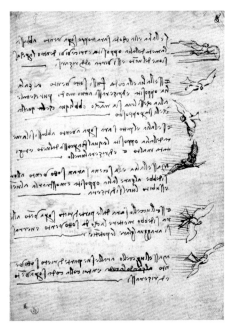

飞行中的物理学

达·芬奇完全是通过观察来理解飞行原理的，他在15世纪后期的笔记本中写道："观察老鹰是如何在空气稀薄的高空振动翅膀、保持飞行的。老鹰和空气之间的作用力和反作用力是大小相等的。"

金雕比空气重，但它的翅膀形状充分利用了空气的特性，帮助它顺利起飞和飞行。当金雕飞行时，是翅膀上方的空气移动得快，还是下方的空气移动得快呢？让我们先测量出1米的距离，这是金雕的大致身长。现在，再测量出2.29米的距离，这是金雕双翼展开后的宽度！想象一下，这只鸟正在展翅高飞。你认为是翅膀下方的气压高还是上方的气压高呢？你能解释原因吗？

达·芬奇着迷于飞行，他发明了人力驱动的机器，并为人类设计了翅膀，由此探索人类是否可以像鸟类一样在空中飞行。他仔细研究飞行中的鸟类，并提出了关于飞行的假设。"当一只翅膀宽而尾巴短的鸟想要起飞时，"他写道，"它会用力上下扇动它的翅膀，借助翅膀下方空气的力量。"

左页中展示了达·芬奇笔记本中关于"鸟类飞行研究"的页面。他的研究为他之后的科学家们提供了很多帮助，其中包括丹尼尔·伯努利（Daniel Bernoulli），他在1738年解释了空气流动背后的科学。伯努利提出，鸟类在飞行时，翅膀上方的空气会随着翅膀外轮廓快速移动，气压较低，而翅膀下方的空气移动得较慢，气压较高。翅膀上下存在压差，进而产生升力。

让我们来调查一下

像达·芬奇一样，先收集信息，再设计翅膀吧！我们需要搜集的资料包括形状、空气、运动等方方面面。同时，别忘了像达·芬奇一样提出问题。

问题：

右边的水滴形状与飞行有什么关系？

这看起来像是一颗完整的、侧躺着的水滴，会让你联想到哪些和飞行有关的事物呢？

回答：

这是机翼的形状。

水滴形状可能会让你联想到飞行中鸟类的翅膀或者喷气式飞机的机翼。机翼的前部是圆而厚实的，尾部则呈锥形，较为单薄。

在向前飞行时，空气会在机翼的上方和下方移动，下方的空气比上方的空气移动得慢。移动较慢的空气会形成高压区。想象一下，机翼下方的空气被压缩了，更大的气压向上推动机翼，并产生升力。

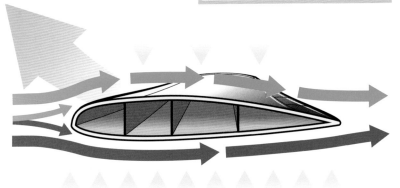

来自鸟类的灵感

机翼的形状居然与鸟翼的横截面如此相似，这真是太神奇了！事实上，航天工程师的设计灵感确实来自飞行中的鸟类。他们发现，运动中的机翼会与周围的空气形成作用力和反作用力，无形而又强大的空气分子从四面八方推动着机翼在空中飞行。

将手平放在书的下面，然后将其托起。你对书施加的压力，就类似于机翼下方由移动缓慢的空气形成的高压。另一方面，机翼上方的空气快速移动，形成较低的气压。

让我们进一步调查

问题：

在机翼上方的空气移动速度更快，这是否因为它需要移动更远的距离？

回答：

根据美国国家航空航天局（NASA）的工程师的说法，机翼上方的空气快速移动，只是为了比下方的空气更快地到达机翼尾部，而不是因为需要移动更远的距离。而且机翼上方低压区中空气的速度其实更快！

绘制自己的机翼

画出自己的翼形图，并标出以下内容：

高压区

低压区

快速移动的空气

缓慢移动的空气

空气流动的方向

升力的方向

和达·芬奇一起观察鸟类

达·芬奇不仅观察飞行中的鸟类，他还持之以恒地观察鸟类的各种生活习性，并将其记录下来。他不断地问自己，鸟类究竟是如何使用翅膀的，并试图通过观察找到答案。

像达·芬奇一样，成为一个观察者。无论你住在哪里，你都可以走出家门来观察鸟类。在闲暇时，带上笔记本、彩色铅笔、双筒望远镜、相机（如果你有一台的话），开始你的鸟类观察之旅吧！

每个人观察到的内容都会有所不同。当你看到一只鸟时，用心观察，然后记录下你所看到的一切。首先，勾勒出鸟的轮廓。它有任何明显的标记或图案吗？如果有，一定要加上。接着，添加颜色。它的喙和爪是什么颜色的？除此之外，还有很多细节要注意。这只鸟的大小如何？它的食物是什么？它的歌声或叫声如何？它是如何起飞和落地的？它会在风中起飞吗？最后，写下这次鸟类观察之旅的时间、地点、天气等信息。

下图中的模型复刻了达·芬奇发明的机械翅膀。机械翅膀的形状不同于现在常见的机翼，向外展开的翅膀加大了其对空气分子的向下推动力，进而加强了升力。仔细观察，它会让你想起某种哺乳动物的翅膀吗？

像飞机工程师那样思考！

想象一下，如果把机翼狭窄的尾部往上或往下弯折，结果会怎样呢？飞机工程师在设计喷气式飞机的机翼时，就用了上图中的方式来伸展和弯曲机翼的尾部，让空气分子以特定的方式进行移动。根据本章中的知识，想想飞机工程师为什么这样设计。请在笔记本中写下你的猜想和分析。

设计一个机翼

你需要准备：

复印纸

胶带

30.5厘米长的直尺

铅笔（最好是六角形而非圆形的铅笔）

吹风机

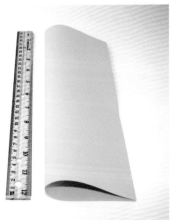

1 将复印纸松松地沿长边对折，形成近似机翼形状的弯曲表面。

2 将复印纸横过来，使纸张带有弧度的一侧离你较远，纸张的边缘离你较近。将上半张纸的边缘向后移动1.27厘米，现在，两条底边不对齐了，用胶带固定住。

3 将机翼的尾部（窄端）粘贴到直尺的5厘米处。注意两层纸都要粘贴在尺上。

4 将铅笔放在直尺的12.7厘米处，并粘贴到直尺上。

5 使用吹风机的低风挡，在机翼的前方朝着机翼吹风，同时构建一个假设：当空气掠过机翼时，会发生什么呢？

6 测试你的设计成果及假设：让小伙伴帮忙握住铅笔两端，你则打开吹风机，以低风挡直直地向机翼吹风。此时，直尺会发生什么？你的机翼装置产生升力了吗？

实验背后的科学

如前文所述，当空气经过机翼时，上方的空气比下方的移动得更快。机翼下方的空气分子在高压下被压缩，产生了向上的推力。机翼下方的高压和上方的低压形成压差，从而产生升力。

为起飞做好准备工作

理解飞行的最佳方式就是体验飞行。整个过程采用"科学法"。我们将提出一些和达·芬奇相同的问题，并用两种不同的纸飞机进行实验，重现飞机在空中的飞行效果。

让我们先做一个假设：

例如，飞机的机翼设计会影响飞行的距离以及飞机在空中停留的时长。现在，让我们看看假设是否成立。

你需要准备：

两张21.6厘米×27.9厘米的复印纸

折纸棒（可选）

宽1.27厘米的胶带

直尺

铅笔

笔记本

"科学法"表格（参见第10页）

制作经典的飞镖形飞机

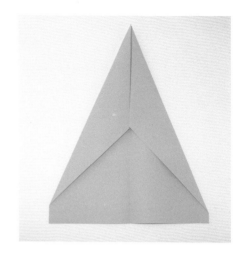

<table>
<tr><td>4</td><td>将新三角形的右下角折叠到中间
折痕处，折出纸飞机的右翼。</td></tr>
</table>

<table>
<tr><td>5</td><td>在纸飞机的左侧重复步骤4，折出
纸飞机的左翼。</td></tr>
</table>

<table>
<tr><td>1</td><td>将纸沿长边对折。</td></tr>
</table>

<table>
<tr><td>2</td><td>用指甲或折纸棒加深折痕，然后
展开纸张。</td></tr>
</table>

<table>
<tr><td>3</td><td>将右上角向内折，将左上角也向
内折，使两者沿着纸张中间折痕
对齐，形成三角形。用指甲或折
纸棒加深折痕。这是经典的飞镖
形飞机，前方有一个尖头。</td></tr>
</table>

<table>
<tr><td>6</td><td>将纸飞机沿中间折痕对折，并如
图放置。</td></tr>
</table>

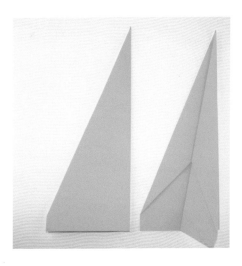 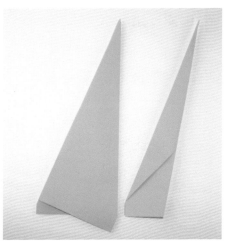

7 将左边缘向右折叠，与中线对齐，进一步完善右翼。

8 翻转你的纸飞机，重复步骤7，完成纸飞机的左翼。注意要保持两侧机翼大小相等。

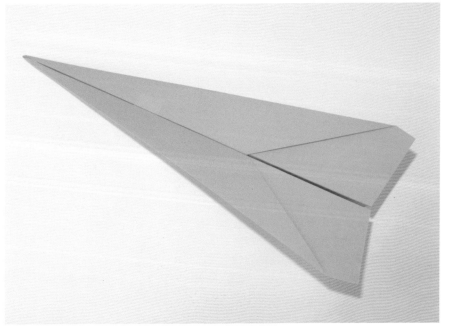

9 将纸飞机的左右两翼展开并轻轻弯折，使它们略微向上倾斜。最后，在机翼顶部贴一小块胶带，将左右两片机翼固定在一起。

太棒了！现在，你已经折出一架经典的飞镖形飞机了。为了进行飞行情况比较，你还需要第二架飞机。实验选择以米兰猎鹰飞机为比照对象，它与飞镖形纸飞机截然不同。米兰猎鹰飞机以意大利北部城市米兰的名字命名，那里也是达·芬奇开始记笔记的地方。

制作米兰猎鹰飞机

米兰猎鹰飞机的结构较为复杂，因此需要进行多次折叠。制作时，不妨先用铅笔和尺画出参考点，这可以帮助你更快更好地折出纸飞机。

1 将纸沿长边对折，加深折痕，然后展开。用直尺和铅笔，在距离纸张底边2.5厘米处向上标记，建议折痕左右两侧各画一个标记。

2 将纸张底边沿2.5厘米标记处向上折叠。

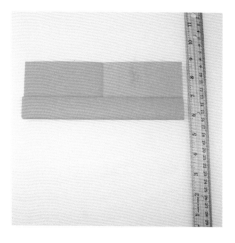

3 继续将底边向上折叠，总共折叠七次。

4 将纸张旋转180度，使折叠后的厚边位于上方。

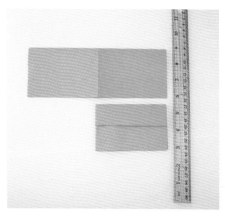

5 翻转纸张，使厚边朝下，然后将纸张沿中间折痕对折，注意两端外边缘要对齐。

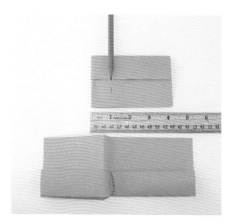

6 如图，在距中间折痕2.5厘米处做标记，并沿该标记从右向左折叠，折出一侧的机翼。

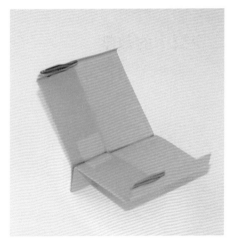

7 翻转纸张，使折叠后的厚边朝上。

8 重复步骤6，折出另一侧的机翼。

9 在距右边缘1.2厘米处做标记，并沿该标记从右向左折叠。这是机翼上的"鲨鱼鳍"。

10 翻转纸张，重复步骤9，折出另一侧的"鲨鱼鳍"。

将两侧机翼展开，使它们略微高于飞机机身，让"鲨鱼鳍"指向上方。

最后，在机翼顶部贴一小块胶带，将左右两片机翼粘在一起。

现在，一切准备就绪！选择较大的室内空间，例如健身房，进行实验，测试两种飞机的飞行情况。室内环境更容易掌控，可以减少变量的影响，如风向。

实验中的变量是什么？

两种飞机的机翼面积是不同的。

实验中的控制变量是什么？

实验地点、纸飞机的投掷点、操作者都是相同的。

将这些内容都记录在如第10页所示的"科学法"表格中。

机翼中的数学

达·芬奇喜欢几何学。几何学并非遥不可及，我们在制作纸飞机时，其实就用到了几何学。这个案例很好地体现了数学是如何被运用在现实生活中的。跟着本页的指引，分别计算出两种飞机的机翼面积。

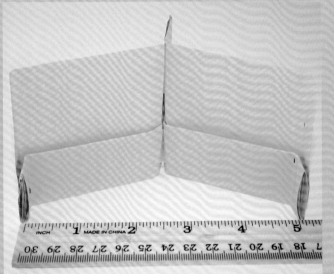

飞镖形飞机：

飞镖形飞机的机翼大致为三角形。

首先，测量纸飞机底边的宽度。你的测量结果是10厘米吗？接着，测量纸飞机的高度。测量结果约等于28厘米。将底边宽度乘以高度，再除以2，答案就是飞镖形飞机的机翼面积。很简单吧！计算公式如下：

机翼面积=（底边宽度×高度）÷2

米兰猎鹰飞机：

米兰猎鹰飞机的机翼为矩形，所以计算方式与飞镖形飞机完全不同。

首先，测量两个"鲨鱼鳍"之间的距离，这是翼展。接着，测量机翼的高度。将翼展乘以高度，答案是米兰猎鹰飞机的机翼面积。计算公式如下：

机翼面积=翼展×高度

现在，你知道飞机工程师是如何计算的了吧。

开始实验

1 投掷你的经典飞镖形飞机,记录飞行距离。

2 在相同的地点,以相同的角度和力度再重复投掷四次。尽量保持相同的投掷姿势。

3 记录每次的飞行距离。

4 挑选距离最长的三次实验结果,计算出它们的平均值。平均值的计算方法为,将三个数字相加,然后除以3。当然,你也可以多投掷几次。

5 给纸飞机拍照,并将照片贴在笔记本中实验结果的旁边。

6 拿出米兰猎鹰飞机,重复步骤1~5。

科学家通常将这类实验结果称为"数据"。查看实验数据,看看是否能得出某些结论。比如,纸飞机的飞行距离是否相同?机翼的形状和面积是否会影响飞行距离?"鲨鱼鳍"对飞行是否起到了积极的作用?

实验结论

像达·芬奇一样,在笔记本中记录下你观察到的一切,包括实验步骤和数据,并试着根据它们得出结论。

实验数据是否能验证你的假设?实验是否可能在哪个环节操作失误,导致数据出错?你需要再次进行实验吗?

理论

如果你的假设准确地预测了纸飞机的飞行结果,那么假设就变成了理论!

我们看不到空气分子,但它们始终作用于你的纸飞机,并试图迫使纸飞机降落。当你掷出纸飞机时,纸面会与空气分子接触,形成摩擦,进而产生阻力。

降落与起飞

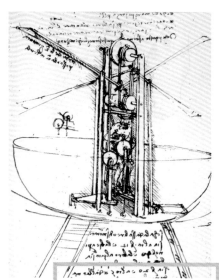

重力与推力

在飞机的飞行过程中，推力和重力起到了关键性的作用。纸飞机凭借手臂向前向上的推力起飞。在之前的实验中，我们的手臂扮演了飞机引擎的角色，因为它的存在，纸飞机才能飞起来，即使飞行时间很短，那也是因为向上的推力暂时克服了能将飞机从空中拽下来的重力。随着推力的变小，飞机在重力的作用下逐渐降落。

阻力是另一种改变飞机飞行的力。当我们投掷纸飞机时，纸张的固体表面和空气的流体分子摩擦，形成了阻力。当飞机向前移动时，阻力的运动方向与推力相反，因此它会直接导致飞机的飞行速度变慢。

阻力在飞行中的作用

达·芬奇说："如果空气的动力小于鸟的重量，鸟就会往下掉。"虽然当时达·芬奇不知道这在气动力学中被称为"阻力"，但他通过观察确定了阻力的存在。

以下哪种情况更具挑战性：顺风还是逆风？大部分人都会回答逆风。没错，在逆风情况下，你会感受到风的力量在正面冲击自己的身体，而这就是阻力。阻力在飞行中也起到了重要的作用。

在起风的日子出去走走

让我们来体验阻力。起风的日子（但不是暴风雨天）是体验阻力的最佳时机。任何物体在空气中运动时都会产生摩擦阻力。迎着风，试着与摩擦阻力对抗吧。只要你想向前迈进，就必须克服它。当你和空气分子接触时，会产生摩擦，这种摩擦会减慢你的向前运动，形成阻力。

阻力和推力

阻力作用在与推力相反的方向上。以火箭发射为例，推力是推动火箭向上的力，阻力则方向正好相反，减缓了火箭向上运动的速度。

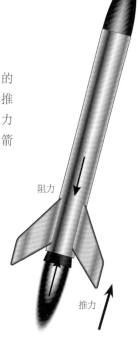

阻力

推力

左图中，向上的红色箭头代表推力，向下的蓝色箭头则代表阻力。在飞行中，阻力是由空气分子与运动物体之间的摩擦产生的。

体验不断变大的阻力

你需要准备：

较长的室内空间（比如健身房、走廊、娱乐室等）

胶带

伞

秒表、有秒针的手表或电子时钟应用程序

铅笔和纸

实验伙伴

让我们来进一步体验阻力。建议在室内进行实验，这能帮助我们控制变量，比如风力的变化。挑选一处像走廊一样较长的空间，确保自己可以快速地向前奔跑，不会撞到人或家具。参考第10页的"科学法"表格进行记录。

1 用胶带标记出起点和终点，两者间隔约三十步。

2 人员分配，确定谁来跑步、谁来计时。

3 尽快地从起点跑到终点。全力以赴！冲刺！

接着，把伞打开，并撑在身后，往前跑。在开始之前，思考第二次测试期间会发生什么，并做出假设。你跑步的时间会增加、减少还是保持不变呢？推断的依据是什么？在"科学法"表格中记录这个假设，以及两次实验间的变量和控制变量。例如，伞是变量，同一个人跑步是控制变量。

4 把伞打开撑在身后，尽快地从起点跑到终点，让同伴记录时间。

两次测试的用时有何不同？在有伞和无伞的奔跑测试中，你观察到了什么？在"科学法"表格中进行记录和解释。

带伞跑背后的科学

在第一次无伞实验中，空气分子会和你的身体摩擦并产生阻力。而当你撑着伞跑步时，你与空气接触的表面积变大了，穿过空气的物体变大了，因此阻力也变大了。这大大减慢了你的速度，你必须提供更多推力才能前进。阻力的方向与推力的方向相反。在笔记中，写下阻力是如何产生的。不妨思考一下，还可以通过哪些实验来测试阻力呢？

在追求速度的运动项目中，科学家将科学与技术结合，帮助运动员提高空气动力、减少阻力。运动员会选择特殊材质的运动服，减少皮肤与空气之间的摩擦阻力，以提升自己的运动成绩，如右图中的美国滑雪运动员米凯拉·雪芙莉（Mikaela Shiffrin）。运动服由聚氨酯、尼龙和氨纶制成，这样的表面设计能够使空气分子均匀分布在服装表面，从而减少风的阻力。

设计一个降落伞，创造阻力来安全地运送货物

在这个实验中，我们将设计一个降落伞，借助阻力，使生鸡蛋慢慢地飘落到地面上且不会破裂。

你需要准备：

报纸或大号塑料购物袋

剪刀

胶带

打孔机

尺

5米长的绳子

小纸袋或塑料袋

一个鸡蛋

梯子（可选）

实验伙伴

铅笔

笔记本

秒表

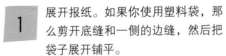

1 展开报纸。如果你使用塑料袋，那么剪开底缝和一侧的边缝，然后把袋子展开铺平。

2 确定降落伞的形状：圆形还是正方形？你会选择表面积更大的形状吗？降落伞的表面积对阻力会产生哪些影响？将你的猜测写到笔记本上。

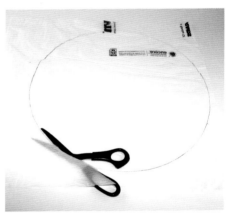

3 剪出你想要的形状。

4 如果降落伞是圆形，你需要准备四段1米长的绳子。如果降落伞是正方形，你需要准备两段1米长的绳子。

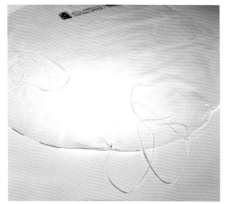

5 确定打孔位置。如果降落伞是圆形，那就在圆形边缘均匀地贴上八张2.5厘米长的胶带，每隔一段距离贴一张。如果降落伞是正方形，那就在四个角上各贴一张2.5厘米长的胶带。这些胶带可以起到定位和加固的作用。

6 在胶带处打孔。

7 取出一根绳子，将绳子的两端分别系在相邻的孔洞上。

8 重复步骤7，将所有的绳子系好。

9 在降落伞伞盖的正中心打一个很小的洞，这样降落伞就可以在重力的作用下直线降落了。

制作着陆器并装载货物

　　用小纸袋或塑料袋制作着陆器。鸡蛋是你要运送的货物。

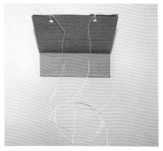

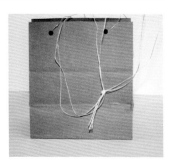

1 在袋子顶部的两侧各打一个洞。

2 将两根1米长的绳子分别穿过两个孔，把所有绳端系在一起。

3 将着陆器上的绳结与降落伞上的绳子绑在一起。

4 现在，开始装载货物吧！将鸡蛋装入纸袋。

发射、下降和着陆

1 选择一块空地作为实验地点。确保所有人员和物件的安全性。

2 站在梯子或桌子上发射降落伞，同时让你的实验伙伴开始计时。

3 在笔记本中，记录降落伞着陆的时间。

4 检查货物是否完好如初。如果答案是肯定的，那么再测试两次，并在笔记本中记录下每次的着陆时长。

5 根据观察，记录降落伞的运动过程，例如飞行的时间、路径等。

6 如果货物产生破损，请对降落伞的设计进行整体修改，以增加阻力、减慢下降速度。

7 重新设计你的降落伞，并开始新的试飞！

确定降落伞的表面积

物体的表面积越大，阻力越大。接下来，我们将计算降落伞的伞盖面积，这是很关键的实验数据。计算方法非常简单，以下是不同形状的面积计算公式。

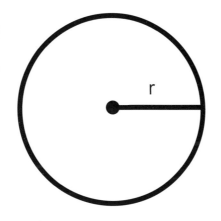

长方形：

面积=宽度×长度

1 测量并记录长方形的宽度。

2 测量并记录长方形的长度。如果降落伞的伞盖是正方形，那么它的长度和宽度应该是相等的。

3 将宽度与长度相乘，答案就是降落伞的面积。

洞察力：在正方形中，所有边长都是相等的。如果用字母s来表示边长，那么可以将公式简化为：面积=s^2，即正方形的面积等于任意一边的长度乘以其自身。

圆形：

面积=πr^2（r是圆形的半径）

按照以下步骤，计算圆形降落伞的面积：

1 测量并记录圆的半径，然后用半径乘以半径，即r^2。

2 将r^2乘以π或3.14。

在我们计算圆形的面积时，离不开π。π是一个无限不循环小数：3.141592 65358979……我们通常取它的近似值3.14进行计算。

在上述公式中，r代表半径。圆的半径是其直径的一半，连接圆周上两点并通过圆心的直线是圆的直径。r^2表示半径的平方，也可以说半径的长度乘以其自身。

提示：πr^2在英语中读作"pi R squared"，听起来像是在说"馅饼是方的"（Pie are squared），虽然馅饼通常是圆形的。"squared"在英语中既有平方的意思，又有方形的意思。这真是太有趣了！

你知道吗？π甚至有属于自己的节日，也就是"π"日。每年3月14日，人们都会在世界各地举行一系列庆祝活动。

上升、下降：放风筝

为了飞，我们准备了一只风筝。风筝上升时，推力和升力比重力和阻力更强。当风筝飞到一定高度时，这四种力就能达到平衡状态。

从挑战中获得灵感

在英语中"go fly a kite"不仅指放风筝，还引申为让人走开、不要骚扰自己的意思。这很有趣吧。让我们来设计一只属于自己的风筝，先在笔记本中写下设计灵感。以下问题能帮助你完成设计。

风筝采用何种图案或设计？写出自己的答案，并大致勾画出你最喜欢的风筝造型。

风筝采用什么颜色？如果你喜欢浓烈的色彩组合，那么可以选择红色和绿色、黄色和紫色、橙色和蓝色。

哪种形状的风筝最适合飞行？你会根据面积的大小来确定风筝的形状吗？如果想了解面积的计算公式，请参见第39页。

达·芬奇的老师们

达·芬奇被公认为是天才，因为很多知识都是他自学的。然而，他人生中最深层的知识得益于四位"老师"——行动力、创造力、好奇心和想象力。从少年时期到人生终结，他都在追随这些老师，不断探索。

达·芬奇的案例

花点时间问自己一些问题：我最感兴趣的是什么？我想知道哪些问题的答案？如果我可以问任何人任何问题，我想知道什么？

在笔记本中写下上述问题的答案。如果你有机会问达·芬奇一些问题，你想问些什么呢？

设计一只风筝

这次，我们将挑战制作一只风筝模型。模型能为我们后续的创造发明提供灵感。这个实验就和达·芬奇当年所做的一样，可以激发你对飞行的渴望。

你需要准备：

两根约30厘米长的烧烤用竹签或细木棍

剪刀

尺

黑色马克笔

几个彩色塑料袋，要够薄，足以透光

玻璃胶带或电工胶带

一根10厘米长的风筝线

两根40厘米长的风筝线

回形针

更多风筝线和卷线器，比如一块纸板

放风筝的场地

让我们像飞行员一样，体验飞行的力量。在这个实验中，我们要在大约30分钟内制作出一只风筝模型，然后借助推力、阻力、升力和重力，使它升空。

1 如果选择烧烤用竹签，请先切掉两端的尖头。

2 将竹签平均分成四份，在分隔处画上标记。

3 将塑料袋的底缝和一个侧缝剪开，并剪去手环的部分。

4 将经过处理的塑料膜展开，铺在平整的桌面上。

<table>
<tr><td>5</td><td>将两根竹签放在塑料膜上，未标记的竹签水平放置，标记过的竹签垂直放在顶层。</td><td>7</td><td>取下竹签，用尺以直线连接标记，画出风筝的外轮廓。连接完所有的标记后，你获得了什么形状？</td></tr>
<tr><td>6</td><td>在塑料膜上竹签的顶端位置做出标记。</td><td>8</td><td>小心地沿着轮廓将其剪开。</td></tr>
</table>

9 将竹签放回塑料膜上的相应位置，并用胶带进行固定。固定时，要将胶带从正面贴到反面，使其更加牢固。

10 用10厘米长的风筝线，将两根竹签的交叉处紧紧地系在一起，打双结，并剪掉多余的线尾。

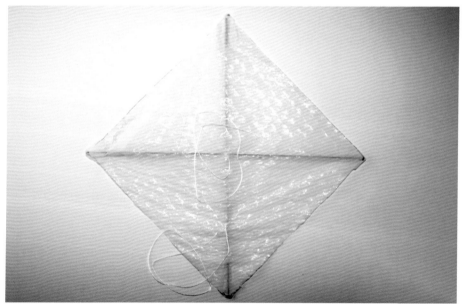

11 用剪刀的尖端，在塑料膜上的竹签交叉处打一个小孔。将40厘米长的风筝线的一端紧紧地系在竹签交叉处，另一端穿过小孔。随后，将另一根40厘米长的风筝线系在垂直竹签从下往上约7.5厘米处，同样用剪刀打孔将线穿过塑料膜。

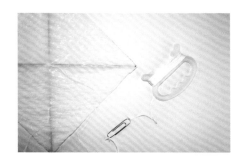

14 用剩下的塑料膜制作风筝的尾巴。尾巴会增加风筝的重量，在空中可以帮助风筝保持稳定并防止其随意旋转。按照以下步骤确定风筝尾巴的尺寸：

a.测量风筝的高度。将高度乘以8，这是推荐的尾巴长度。

b.测量风筝的宽度。将宽度除以10，这是推荐的尾巴宽度。

c.根据上述计算结果，剪一些塑料膜，并将它们连接在一起。剪裁时，还要在每片的长度上添加约5厘米，为打结留出空间。最后，将它们一一连接在一起。

12 将这两根风筝线的另一端都系在回形针上。

13 将卷线器上的风筝线系在回形针的另一侧。

15 将尾巴系在垂直竹签的底部。

一旦你的风筝开始上升，记下它起飞的时间。你的风筝能在空中飞多久呢？在笔记本中记下风筝的总飞行时长。

我们观察到，当风筝的飞行角度是90度时，它恰好于我们的头顶正上方。那么什么时候风筝的飞行角度会变成45度？

现在，风筝模型完成了，你可以开始飞行测试了！在田野或其他的户外空旷区域，将风筝放在地上，然后展开风筝线，紧握卷线器，让风筝迎风飞翔吧！

掌握飞行中的四种力

飞行中的四种力是推力、阻力、升力和重力。前面介绍了阻力和升力。现在，让我们再来看看推力和重力。

推力

推力是物体的驱动力。推力的方向决定了运动的方向。回想你的风筝测试，当你向前奔跑时会形成向前的推力，这时风筝是向前移动，还是朝着相反的方向移动呢？

飞行器的飞行原理其实和风筝有些类似，引擎向后喷射气流，驱动飞行器向前运动。向后运动的空气会产生反作用力，推动飞机前进。这就体现了牛顿第三运动定律："相互作用的两个物体之间的作用力和反作用力总是大小相等、方向相反，

用气球测试牛顿第三运动定律

吹气球，将开口捏紧。然后，松开紧握住气球开口的手，放飞气球，观察发生了什么。试着回答下列问题：空气是如何逃走的？气球飞向了哪个方向？气球运动的反作用力是否与逸出空气的力大小相等、方向相反？

且作用在同一直线上。"

想想牛顿第三运动定律是如何在你的日常生活中发挥作用的。如果你正在向前骑自行车，突然撞上栏杆，这时会发生什么？你的身体和自行车都会停下来吗？不，自行车会向后弹起，而你的身体却会继续向前飞，甚至翻过车把上方。两者的运动方向恰好相反。

重力

重力，与物体的质量有关，是物体由于地球吸引而受到的力，指向地球中心。当物体飞行时，其质量包含它的自身质量以及它承载的物体质量。例如，风筝模型的质量包括其所有部件：塑料袋、竹签、

胶带、绳子和卷线器。

在飞行中，重力起到了非常重要的作用。仍然以风筝模型为例，如果没有尾部的质量，单一的升力就可能导致风筝不受控制地滚动和自旋。在飞行中，重力的方向与升力相反，两者形成平衡。

为了验证风筝尾巴的作用，你可以尝试去除风筝的尾巴。再次放飞风筝，你观察到了什么？有没有尾巴对放风筝有什么影响？风筝是如何在空中"表演"的？

提出问题并进行假设

保持好奇心！观察风筝的外形和飞行。回答下列问题：

为什么要选用较轻的材料制作风筝？轻盈的材料对飞行有什么帮助？

风筝的尾巴在飞行中起到了什么作用？如果风筝的尾巴变长会发生什么？

飞机由引擎提供前进的推力。什么是风筝的推力？

当你带着风筝奔跑时，你感觉到的向后的力是什么？

根据风筝模型测试提出更多问题。你会对风筝进行哪些调整和修改？

第二章

继续向前：
运动的科学

理清问题，并发现解决方案

达·芬奇一生致力于研究运动。通过观察，他发现运动、质量和力是紧密联系的。他在笔记本中写道："先是运动，其次是质量，因为质量来自运动；随后是力，力来自质量和运动；然后是震动或冲击，它们来自质量、运动和力。"

让我们跟随达·芬奇一起探索运动中的科学——物理！相信我，你可能会爱上物理，因为物理规律几乎能解释世界上所有事物的运作方式。一起去物理的海洋中遨游吧！

运动的语言

每一门学科都有自己的术语，物理也不例外，比如，在研究运动时，就会用到矢量和标量。科学家用术语来简化复杂的概念。我们将用矢量和标量来阐明解决问题的方法，并在解决问题的过程中，加入自己的创意。在本章中，我们将用标量和矢量来表述，使整个过程更加可信。

标量只有数值大小，没有方向。比如，这个建筑的规模很大，它有电梯吗？还是说我们必须步行到第二十层？这里的规模就是标量。

矢量同时具有大小和方向，可用于表达事物的移动方向。

下面这两个例子可以帮助你分辨标量和矢量：

"由美的背包里装了2.25千克的书。"

这个例子是标量。我们可以知道由美背包中的负重大小为2.25千克。传递出的信息只有数值大小，而没有方向。由美可以整天背着这些书，前往任何地方。

"每天放学后，由美都会背着2.25千克重的书向东走到她祖母的家里。"

2.25千克向东

这个例子是矢量。它传达了两个信息：一个是负重为2.25千克，另一个是行走方向为东。行走方向是本段叙述中的关键信息。

通过加速前进来理解速度

在运动中，速度是非常重要的因素。速度表示运动的快慢和方向。仍然以由美的故事为例，她的家人希望她最晚下午3:15一定要到祖母家，不能迟到，所以她要在10分钟内走完1.6千米。如果由美想要准时走到祖母家，她的速度就变得至关重要。

由美必须在10分钟内走完1.6千米，也就是说她的步行速率是每千米6.25分钟。下面是这个例子的矢量图。

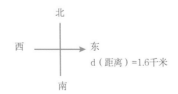

$\bar{v}$（速度）=6.25分钟/千米，行走方向为东。

比例尺：2.5厘米=1.6千米

矢量图传递了哪些信息？

东南西北表示方向。

箭头表示由美在往正东方向走，且距离为1.6千米。d是距离（distance）的缩写。

$\bar{v}$表示速度矢量。由美正以每千米6.25分钟的速率向正东方向移动。

如果我们无法在矢量图中还原实际尺寸，那么可以按比例缩小。比如，在这个例子中，我们就用2.5厘米来表示1.6千米。

位移：位置变化

在运动学中，我们还会用到另一个术语：位移。位移表示物体的位置变化。请参见下面这个例子：

"由美把书本全倒在桌子上，然后将书向右推移了1.2米。"

左 ——————→ 右

1.2米
比例尺：1.25厘米=0.30米

物理学家可能会说，书本完成了大小为1.2米、方向为往右的位移。由此可见，位移是一个矢量，同时具有大小和方向。

注意表述要清晰！

如果表述为"由美把书移动了1.2米"，那么是在描述标量还是矢量？

如果你不确定，请核对本页的标量和矢量清单。从标量清单开始，你了解这些术语的含义吗？在笔记本上写下你对它们的理解。查询你不确定的那些术语。

接着，看看矢量清单。什么时候需要同时了解数值大小和运动方向？汽车超速行驶的时候、滑板失控的时候、跳蹦床的时候，还是在炎炎夏日骑着自行车下坡的时候？把你的想法都写在笔记本上。

标量	矢量
距离	位移
长度	速度
高度	加速度
宽度	推力
体积	阻力
速率	升力
温度	重力
面积	力
体积	动量

一个有关移动的故事

让我们创建一个场景来帮助大家区分标量和矢量。确定物体的大小、方向、速度和运动状态，并且画出对应的矢量图。

你需要准备：

一个伙伴

一件方便移动的物体，如书、球、自行车、球拍

美纹胶带

测量棒或卷尺

笔记本

铅笔或钢笔

秒表、有秒针的手表或电子时钟应用程序

尺

指南针（可选）

移动对象：橙色球。
A点：房子前面的人行道尽头。
B点：正门处。
方向：东南。
距离：7.5米。
预计时间：20秒。

1 按照以下顺序完成实验的准备工作，并将其一一记录在笔记本中。

a.选择要移动的对象。

b.用美纹胶带标记起点，作为A点。

c.用美纹胶带标记终点，作为B点。

d.确定移动方向。

e.测量A B两点之间的距离。

f.写下你预计的移动时间。注意，速度是矢量哦！

左   右

d（距离）=12.19米，$\vec{V}$ = 0.69米/秒，移动方向为左
比例尺：0.42厘米＝1米

2 按照计划执行实验。让你的实验伙伴开始计时，记录下你把物体从A点移动到B点的时间。速度完全取决于你。

3 你是否按照原计划的距离移动了？测量物体的移动距离并记录在笔记本中。

4 表述物体的位移和速度，例如篮球以每秒1.5米的速率向左移动了6.1米。

5 按照实验结果绘制矢量图。矢量图应该包含的内容如下：

a.比例尺。如果实际的移动距离大于纸张大小，那么可以进行同比例缩小，比如，用英寸表示英尺，用厘米表示米。

b.用箭头表示运动方向。

c.用$\vec{V}$表示速度矢量。

d.用d表示移动距离。在以下等式的空白处填上数值：d= _____。

西   东

d=6.4千米，$\vec{V}$=6.4千米／小时，移动方向为西
比例尺：2.5厘米＝1.6千米

矢量图是工程师、物理学家和其他科学家常用的表述方式，因为它可以让问题变得一目了然，从而帮助科学家更快地解决问题。

我们到哪儿了？

下面这个故事就是如此：

夏天即将来临，玛吉在冰淇淋店找到了一份工作。夏天，她会和自己的祖母住在一起，从祖母家到冰淇淋店有10分钟的自行车车程。在夏天前，需要有人每周三次将她从自己的家载到冰淇淋店，两者相距12千米，冰淇淋店位于南方。

当玛吉去冰淇淋店面试时，她注意到马路限速为每小时30千米。

玛吉想给她的上司留下守时的印象，但在她搬到祖母家前，需要家里不同的人帮忙开车送她，其中包括她的哥哥。为了消除不安定因素带来的压力和紧张感，玛吉决定必须弄清楚每次车程的时长。

速度、距离和时间

达·芬奇在笔记本中写道："在速度相等的情况下，事物距离眼睛越远，看上去越慢；距离眼睛越近，看上去越快。"

本节将用到物理知识。在日常生活中，我们经常会搭乘某种交通工具，从A点到B点去运动、听音乐、上学或者去俱乐部，这可能会让我们无法准确把控到达时间。我们会迟到或者早到吗？其实，我们可以用物理知识来推算大概的到达时间。

理清问题

让我们整理一下当前的所有情况：

我们知道玛吉的行进距离吗？

我们知道她的起点吗？

我们知道她的终点吗？

我们知道她的行进方向吗？

在这个问题中会用到哪些矢量呢？

去除你不需要的信息

在玛吉的故事中，有哪些不必要的信息？进行适当的删减，整理并归纳出必要的信息。

以下是我们需要的两个信息：

玛吉的行进距离是12千米，行进方向是南方。大小和方向结合在一起就成了矢量。位移是向南12千米。

车子的速率是每小时30千米。这是标量还是矢量？

有了这两个数据，我们就能算出第三个数据。现在，我们能帮助玛吉算出上班所需的时间吗？

速率等于距离除以时间，具体公式如下：

$$r = d \div t$$

在玛吉的故事中，r＝30千米／小时，d=12千米。现在，我们已经有了公式中的两个数据，就能计算出第三个数据t，t是time（时间）的缩写。

由公式可以推算出，时间等于距离除以速率。

时间=12千米÷30千米／小时

计算12除以30时，可以在12后面加上0，即12.0除以30，这样算起来是不是容易一点了？没错，答案就是0.4。

我们该如何换算时间呢？很简单，1小时有60分钟，那么0.4小时等于多少小时呢？当有人要求你计算数字中的一部分时，可以试着将这些数字相乘。比如60分钟中的0.4，就可以理解为60乘以0.4。

$0.4 \times 60 = 24$，也就是说，玛吉以每小时30千米的速率向南行驶12千米需要花费24分钟。

明确平均速率

你需要准备：

起点和终点，如学校或朋友家

一条稳定的行进路线：至少三次经由相同的路线到达同一终点

一种测量距离的方法：纸质地图、数字里程测量器或导航程序

秒表或有秒针的手表，用于计时

自行车、滑板或滑板车（可选）

指南针（可选）

笔记本

铅笔或钢笔

确定速率可以帮助我们做一些有趣的事情。

本次实验中将用到与玛吉故事相同的物理知识。前几页中的这个公式非常有用：

r = d ÷ t

为了得到平均速率，我们要重复实验三次，每次都经由同一路线前往同一终点。你要收集的信息有以下三个：

a.行进距离。

b.行进时间。

c.行进方向。

1 开始行走实验，每次走完路程后别忘了在笔记本中记录相关信息。

2 计算出每次的行进速率，将每次的行进速率相加，再把总数除以行进次数，这就是平均速率。

	实验1	实验2	实验3
行进方式（例如，骑自行车、步行）			
出发时间			
到达时间			
总行进时间			
行进距离			
行进速率			
附加说明，如天气状况或其他影响时因素			

平均速率：_____

小贴士：每小时有60分钟，每分钟有60秒！

运动是怎么发生的？

除了研究鸟类，达·芬奇还喜欢观察蜻蜓盘旋飞翔的过程。他知道蜻蜓的两对翅膀会以不同的方式移动。如果要上升，蜻蜓翅膀就会往下推平。两对翅膀有时同步运动，有时不同步运动。达·芬奇真的只用眼睛来观察蜻蜓细微的翅膀运动！他试图发明一种能复制蜻蜓翅膀运动的机械装置，并将其画在了笔记本中。

接下来，你将设计属于自己的蜻蜓！

开始制作蜻蜓吧！

让我们来做一只发条蜻蜓！成品是一个翅膀图案独特的旋转体。这个实验可以锻炼你的动手能力，并告诉你如何创造势能和动能。

你需要准备：

30.5厘米长的细铁丝或两个大号回形针

尖嘴钳

小号画笔或直径为3~5毫米的细木棍

橡皮筋

翅膀形状的模板

21.6厘米×28厘米或更大的卡纸

铅笔

剪刀

彩色铅笔或马克笔

透明胶带

尺

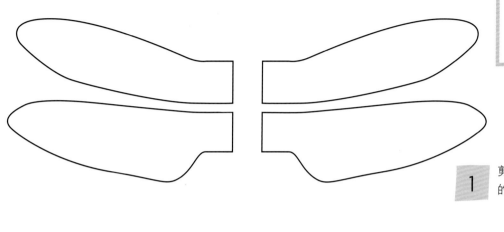

使用左侧的模板制作蜻蜓的翅膀。

1 剪一段10厘米长和一段约14厘米长的铁丝，为后续的步骤做准备。

2 如图，将14厘米长的细铁丝中心处绕铅笔一圈以形成一个环，将铁丝的剩余部分向下弯曲，注意铁丝两端要对齐。

3 将铁丝两端向内弯折，形成钩子的形状。在后面的步骤中，我们要把橡皮筋缠绕在这两个钩子上。

4 用10厘米的铁丝，制成蜻蜓上方的一对翅膀：

a.将铁丝的中心位置沿画笔的笔杆或者细木棍绕一圈，使中间形成一个环形。

b.将橡皮筋滑到环形上。

c.将这根铁丝穿过步骤2中完成的小圆环，并向外弯曲其两端，以形成翼展。

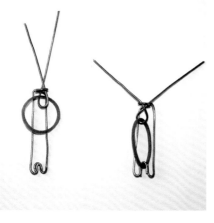

5 向下拉伸橡皮筋并将它的下端勾在铁丝底部的两个钩子上，起到固定作用。

6 根据上一页的模板，在卡纸上完整剪出翅膀的形状。

7 现在要美化并装饰翅膀了！从真正的蜻蜓翅膀中获取灵感，请参考右侧的照片。

四斑猎人蜻
（小斑蜻）

带状裳羽蜻
（五彩蜻）

蓝额疏脉蜻
（长翅蜻）

让你的蜻蜓动起来

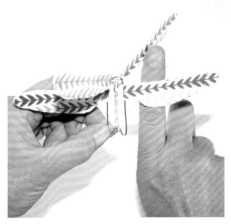

1 将一对翅膀贴到向外展开的顶部铁丝上，将另一对翅膀贴在平行于橡皮筋的铁丝上。

2 一只手抓住蜻蜓的底部，另一只手轻轻地用食指旋转顶部的翅膀，转动大约四十次。

3 松手。随着翅膀的转动，蜻蜓飞起来啦！

你的蜻蜓有势能和动能

在向别人进行解释之前，我们自己必须要理解得非常透彻。试着再一次旋转蜻蜓翅膀，让蜻蜓飞起来，然后告诉别人它是如何运作的。

为蜻蜓上发条，仍然一只手紧握底部，另一只手的手指放在翅膀上，使橡皮筋扭曲并旋转。此时，蜻蜓充满了势能。握住蜻蜓，别放开。让我们来仔细想想现在蜻蜓的状况。

蜻蜓翅膀蓄势待发，而所有的动力都存储在橡皮筋中。它有运动的可能，但它却没有动。除了势能之外，橡皮筋还具有弹性势能。这意味着，一旦你松开手，橡皮筋将恢复原来的状况。但是在你采取行动之前，它会保持现有状况不变。

好的，现在放手吧！一旦你松开手，势能便瞬间转化为动能。动能是物体因其运动而产生的能量。翅膀的速度和旋转为蜻蜓提供了动能。上发条，是给蜻蜓提供弹性势能；放开手，则是让潜在的势能转化为动能。

运动定律

这里有一些不能打破的运动定律。

第一条：一切物体在没有受到外力作用时，都保持静止状态或匀速直线运动状态。

英国科学家艾萨克·牛顿爵士（Isaac Newton）出生于1643年。他定义了万有引力和三大运动定律，也就是现代物理学的核心原理，塑造了我们对科学和物理学的基本认知。

什么是科学家所说的"力"？

力是一种推力或拉力，可以改变物体的运动状态。

当作用在一个物体上的两个力大小相同、方向相反时，两者是平衡的。受到平衡力作用的物体会保持其原有的运动状态。

然而，当作用在一个物体上的两个力大小不同时，物体的运动状态就会发生改变。

力同时具有大小和方向，所以力是矢量！

零速度

根据牛顿第一运动定律，在没有受到外力作用时，物体的运动速度不会发生变化。那么当一个物体静止不动时，它的速度是多少呢？

答案是零。然而，一旦你施加了力，物体就会开始运动。仍以发条蜻蜓为例，一开始蜻蜓保持静止，翅膀的旋转速度也是零，直到你对它采取行动（旋转它的顶部翅膀），否则它是不会发生改变的。

静止的物体永远保持静止。

受到平衡力作用的物体保持静止。

受到不平衡力作用的物体会改变其速度和方向。

实践牛顿第一运动定律

让我们来探索力和运动。

你需要准备:

一个伙伴

比超级球更大的球

足以移动和改变物体运动状态的空间

1 把球放在你和伙伴的正中间。让你的伙伴把手放在球上,手掌面向你,同时你的手也同样放在球上。现在,你们的力完全相反。

2 两边开始用相同的力推球。当两个人的力量相等时,球就会保持静止,它的运动状态不会改变。

3 逐步减少你施加的力,同时让伙伴继续向球体施加他全部的力。注意,确保实验地点的安全性。现在,你们两个人作用在球上的力不同了,力不再平衡,于是球开始移动。

你刚刚示范的就是牛顿第一运动定律。

但是,等一下!当球慢慢落下时,是什么力在起作用?

在牛顿第一运动定律里,在没有外力作用的情况下,运动中的物体将保持运动状态。根据这条定律,抛向空中的球应该继续运动,除非有某种力推动、拉动或击中它。尝试把球抛向空中,看看结果如何。是什么力量使球停止运动呢?

虽然力是不可见的,但是你的球上确实有力在起作用。你还记得第一章中的飞行阻力吗?没错,空气分子和球之间的摩擦会产生阻力,从而减缓了球的运动速率。此外,还有另一种力在起作用,地球的万有引力会把球拉向地面。

水球数学

当物体从既定高度落下时，每秒加速了多少米？在本节中，你将用科学法研究这个问题，同时享受扔水球的快乐。

定义质量

达·芬奇在笔记本上写满了自己的研究心得，其中提出了当今物理学家称为物体重心或几何中心的概念。他通过测试和观察，得出了一个结论，当物体坠落时，速率和时间之间存在线性关系。这个结论是正确的。

让我们猜测接下来的实验结果：大水球（橡胶更多、水也更多）会比小水球更快落到地面上吗？在笔记本中写下假设。

质量是一个标量，只有数值大小，而没有方向。质量是一个物体由多少物质构成的量度。你知道质量和重力有什么不同吗？让我们回想第一章中讲过的飞行中的四种力，记起来了吗？重力是地球引力对物体的拉力，这个物体包括我们每个人。那么，你、地球和水球哪个质量更大？在进行假设前，先比较一下水球和地球的质量。

伽利略与重力

伽利略（Galileo Galilei, 1564~1642）是科学从文艺复兴到现代科学发展过程中的一个里程碑式的人物。伽利略研究的领域包括重力、速度和自由落体。据说他曾从比萨斜塔上进行自由落体实验，通过投下两个不同大小的铁球来测试它们的加速度。

地球引力是把物体吸引到地球中心的力。那么，为什么地球会有引力？答案是它的质量。

水球降落中的重力加速度

观察当不同质量的物体从同一高度落下时，加速度会发生什么改变。本次实验将进行三次，每次都要为一个大水球和一个小水球分别计时。

你需要准备：

一两个合作伙伴

六个气球：三个小气球和三个大得惊人的气球，同时它们都要能够装水

水

安全的室外空间

安全的登高区（如果使用梯子，请确保架靠它的地面是水平且坚实的）

卷尺或测量棒

秒表或有秒针的手表

笔记本

铅笔

1 决定投下水球的地点，并测量投放点到地面的高度。

2 把气球装满水，一直装到它们快要爆炸了为止。

3 决定投下水球、计时和记录数据的人选，同时互相沟通明确实验时的暗号。例如，记录者要确保在水球落下之前，下落处没有任何人或障碍物，然后喊出："一切正常！"从而告诉投球者所有相关区域完全清理干净。

4. 准备好了吗？如果你是投球者，那么把你自己当作一根滴管，让你的第一滴水也就是第一个小水球自己掉下来！如果你是记录员，请记录下水球落地所花费的时间。

5 用大水球重复刚才的实验过程。

6 将步骤3~5重复做三次，记录时间时记得标注下落的是大水球还是小水球。

7 计算大水球的平均下落时间。当你要为三个数字计算平均值时，先把三个数字加在一起，然后除以三。

8 计算小水球的平均下落时间。将这些数据都记录在笔记本中。

分析数据

跟着达·芬奇一起分析实验数据。首先，我们要计算出水球的自由落体速率。别害怕，你有公式，公式是永远不变的。注意每个物体的自由落体速率都是从零开始的，因为它们最初是静止的，没有任何运动。

接着，你需要了解：

地球上的重力加速度总是9.8米每二次方秒，科学家将其写成9.8m/s²。"二次"意味着坠落物体在空中的速率每秒增加9.8m/s。

为什么这很重要？因为地球上任何物体的自由落体速率等于重力加速度乘以物体坠落的时间。

达·芬奇

伽利略

爱因斯坦

科学家把速率缩写为v，重力加速度缩写为g，时间缩写为t，所以公式就是：$v = g \times t$。

你

贴上你的照片

用这个公式来计算，你将成为科学界冉冉升起的一颗新星。

所有物体坠落时的加速度都是每平方秒9.8米。

万有引力定律本身就是一条定律

小水球有质量，大水球也有质量，你有质量，我也有质量。无论物体或人的质量有多大，我们都会以相同的加速度每平方秒9.8米下降。即使所有物体的质量都作用在地球上，地球仍统治着引力游戏。为什么？因为地球的质量最大，质量决定重力，也就是引力。

明确你的实验结果

1 计算小水球的自由落体速率，用平均时间乘以9.8，根据公式 v=9.8×t计算并记录答案。

2 计算大水球的自由落体速率，用平均时间乘以9.8，根据公式 v=9.8×t计算并记录答案。

3 比较大小水球的平均自由落体速率。

地球上的每个物体，无论质量如何，都有着相同的加速度。

你发现了什么？水球的自由落体速率是否会根据质量发生变化？

回顾你的假设。你的假设准确预测了不同质量物体的自由落体速率吗？如果有必要，调整你的假设，同时也希望你能在相关拓展实验中获得更多的乐趣。

当美国国家航空航天局从地球上发射火箭时，火箭的速度必须能克服地球引力，才能在太空中到达其目标轨道。这便需要超强的动力和超快的速度！工程师们知道，物体离地球越远，地球对它的引力就变得越弱。

浮力

什么是浮力？浸在液体或气体中的物体会受到竖直向上的托力，这就是浮力。现在，让我们在实践中体验一下。

达·芬奇曾写道："当船漂浮在水面上时，它会排开和船本身重量一样重的水。"他知道阿基米德原理，并且注意到物体漂浮在水中的重量似乎轻于悬浮在空气中的重量。

浮力是由阿基米德（Archimedes）定义的，他是一位著名的古希腊数学家、科学家和发明家。据说，他是在浴缸里泡澡时发现了浮力，参见左图的雕塑。因此，浮力定律也被称为阿基米德定律。

实验

水替换实验

在整个实验过程中记得观察冰是否漂浮在水面上？一桶固体冰和一桶液态水相比，哪个重？预测实验结果，并把你的假设记录在笔记本上。

1 从距玻璃杯杯口6.4毫米处用便笺纸进行标记。两个玻璃杯都要添加标记。

2 在量杯中加满水，之后记录水量。

你需要准备：

两个干净的玻璃杯

尺

两张便笺纸

水

两个0.5升量杯

可以并排摆放两只杯子的平底锅

大小和形状相同的冰块

勺子

杏仁

用来清洁的毛巾

笔记本

铅笔

小心地在其中一个杯子里添加冰块。用勺子把冰块一次一块地舀进玻璃杯中。

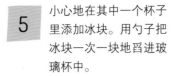

3 把玻璃杯并排放在锅里。用量杯把水倒进杯子里，高度与便笺纸的上边缘齐平。

4 将玻璃杯中的水量记录在笔记本上。

6 记下水溢过杯口之前加入的冰块数量。

7 观察玻璃杯里的冰块：它漂浮在水面上吗？你如何描述玻璃杯中冰块与液体的关系？把你的观察记录在笔记本上。

8 现在，在第二个玻璃杯中添加杏仁，直到水溢过杯口。记录添加的杏仁数量。

浮标，以浮力命名，是浮力从下方推动物体的完美案例。浮力与重力的方向相反。

联想

当你把冰块或杏仁加到杯子里时，实际上，你就是用它们取代了水的位置。当你跳进装满水的浴缸时，水位会发生什么变化？水位会上升，水甚至可能会溢出浴缸。溢出水的重量等同于你受到的浮力。即使只有身体的一部分浸泡在水中，浮力仍然会作用于你。重力在把你往下拉，而浮力的方向正好与重力相反，帮助你在水中漂浮。使你向上漂浮的浮力等于你所置换出的水的重力。

在之前的实验中，放在锅里的玻璃杯中的水溢了出来，因此锅中水的重力等于玻璃杯中冰块的浮力。冰块取代了原来水的位置。

浮力测试

杏仁不会浮在水面上，但它们也受到了浮力的作用。杏仁为什么会沉入玻璃杯深处呢？浮力又称升力，与重力的方向相反。

如果浮力向上推动杏仁，为什么它会沉下去而不是浮起来呢？

水（自来水而非盐水）的密度为1克/立方厘米。由于我们使用的容器较小，所以投入物的体积也比较小。

在实验中，如果杏仁沉到玻璃杯底部，那么杏仁的密度就大于水的1克/立方厘米。我们可以由此得到结论：杏仁比水重。将实验现象和结论记录在笔记本中。

那么对于冰块，你能得出什么结论呢？冰块是固态的水，玻璃杯中是液态的水。它们都是水，两者的密度有何差别？

体积用立方表示

一个1厘米宽、1厘米长、1厘米高的立方体，它的体积是1立方厘米。用等式表示为
$1cm^3=1cm×1cm×1cm$。

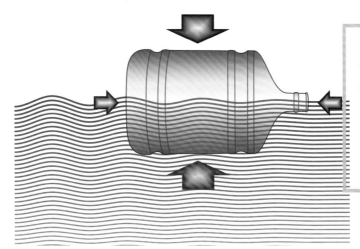

浮力是物体各表面间受到液体的压力差，其中最大的压力来自物体底部，即物体在液体中位置最深的那个面。液体作用在物体的向上的力要大于向下的力。

为什么固态水比液态水的重量轻？

答案在于水分子的连接方式。固态水中分子排列整齐、空隙较大，而液态水中分子之间的空隙较小。那么在体积相同的情况下，是固态水中的分子更多，还是液态水中的分子更多呢？

想象一下把人塞进车里的情景。比如，你不小心邀请了比车内座位数更多的朋友去旅行，那么为了避免有人被落下，大家就不能松散地坐在车里，而是要挤在一起才行！这就是液态水中分子的连接方式，它们喜欢挤在一起凑热闹，所以每个水分子占据的空间就比较小。

结论：

在体积相同的情况下，液态水中的分子比固态水中的分子更多。分子数量越多，就意味着质量越大。冰块是固态水，分子较少，所以更轻。这就是冰块能漂浮在水中的原因。

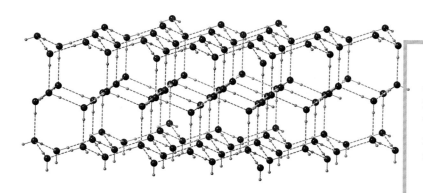

固态水中的分子间隙远大于液态水，因此冰块中的分子数少于液态水中的分子数。左图中，红色的圆点代表氧原子，每个氧原子旁有两个氢原子，三个原子形成一个V字形。这就是水分子的符号H_2O的来源。

第三章

能源转换：光能、风能和其他电磁能

自然界中的波

彩虹、绳子和蓝天都是了解能量时的绝佳研究对象。在开始研究能量前，首先要知道能量可以改变形式。例如，能量可以先以风能的形式出现，然后变成电能。能量既不能凭空产生，也不能凭空消失，只能相互转换形式。我们所拥有的总能量是不变的。

达·芬奇意识到风能与水波的能量有关，两者又都与太阳的能量有关。他着迷于波在水上、陆地上和空中的移动方式。"清风拂来，水面形成层层波纹，却没有改变位置，这就仿佛五月微风在麦田里产生的金色波浪，麦穗晃啊晃，迎着风，却依然立在原处。"

达·芬奇着迷于波浪和水流。他在1510年左右画了这幅作品。

科学家将这种能量以某种形式转换的过程，称为能量守恒。"守恒"有"保留"的意思，仿佛在说："保留我们的能源，这是我们所拥有的全部财富！"能量守恒是一条基本定律、一条热力学定律。热力学是热运动和能量的科学。

能量守恒在彩虹、蓝天和绳子中是如何体现的？让我们先从绳子开始。绳子的波形是电磁波谱的基础模型，彩虹和蓝天也是如此。我们将通过绳子来了解能量守恒的概念。

创造波

用一只手抓住绳子的一端，然后上下挥动你的手臂，使绳子呈波浪形跳起舞来。这是一个很重要的模拟实验，它展示了能量波的运动方式。能量波在我们的生活中无处不在。这些能量波其实就是电磁波，从字面上看，就是由电场和磁场之间的紧密关系产生的能量波。开关电灯、看电视、听收音机、使用微波炉、用手机打电话都用到了电磁波，其波形类似挥绳子产生的波形，以光速进行能量传播。

电磁波涵盖的范围很广，包括无线电波、微波、红外线、可见光、X射线、伽马射线。科学家们将电磁波按波长顺序进行排列，创造出电磁波谱。波长越短，频率越强，能量越高。

可见光谱是电磁波谱的一部分，是人类能够用眼睛看到的光谱。下图展示了彩虹的颜色：彩虹有七种颜色，它们各自对应着光谱上不同的波长。

> 科学家利用完整的电磁谱来研究宇宙、太阳系和地球。

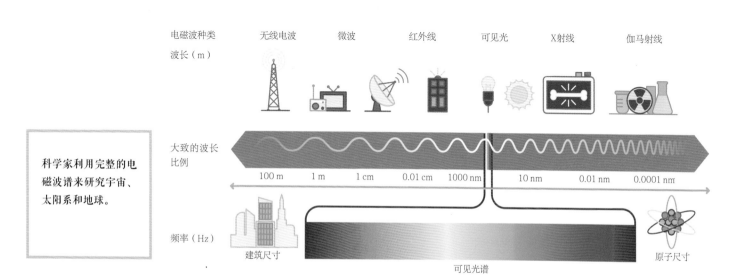

用彩虹灯写字

让我们体验一下不同波长的光。在这个实验里，你将使用可见光谱中不同波长的光写字。每种光的能量范围各不相同，将不同能量的光写在荧光纸上会呈现出什么颜色？把你的假设记录在笔记本中。

你需要准备：

三个迷你LED手电筒，分别为红光、蓝光、紫光

贴在12.7厘米×17.7厘米厚纸板上的荧光纸或银色宽胶带（可在工艺品商店买到）

铅笔或钢笔

普通手电筒

笔记本

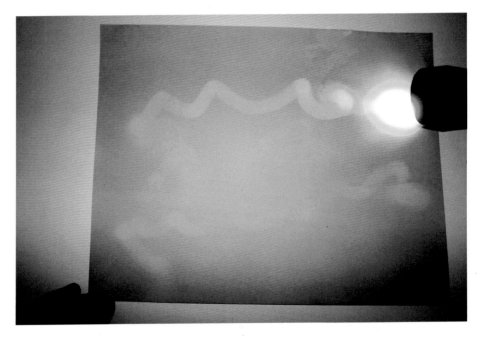

1 打开红光的LED手电筒，在荧光纸上方腾空写字。光线会在荧光纸表面创造出什么效果？

2 分别用蓝光和紫光的手电筒重复步骤1。

3 仔细观察，不同光作用于纸面会产生什么不同的效果？

4 最后，用普通的手电筒在荧光纸上方腾空写字。呈现的效果如何？将其记录在笔记本中。

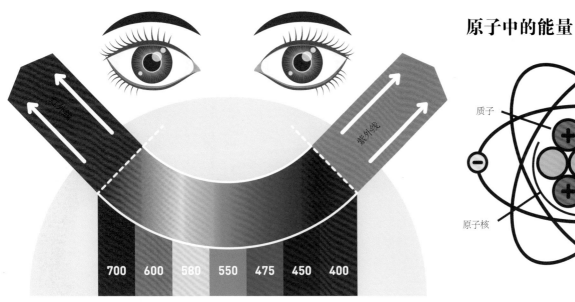

波长的测量单位是纳米（nm）。

原子中的能量

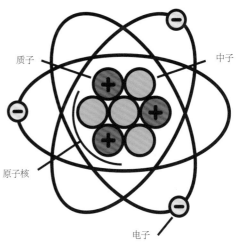

质子

中子

原子核

电子

颜色有能量！

波长的测量单位是纳米。红光的波长约为700纳米，能量最低。纳米是十亿分之一米。根据波长越短、能量越大的原理，蓝光的能量大于红光，蓝光的波长小于红光。波长只有400纳米的紫光能量最大。

在实验中，紫光的LED手电筒写字最亮，因为它的能量最高，荧光纸的反应也最强烈。电子会进入兴奋状态，直接跃入更高的能量水平！当电荷耗尽时，电子又回落到它们的低能状态，并释放出电磁辐射。所以，我们看到的辐射通常是蓝绿色的光线。

原子核里有质子（带正电荷的粒子）和中子（顾名思义，它们是中性的）。带负电荷的电子以不规则的方式在原子核周围移动。

实验

电子舞

在质子、电子和中子组成的原子家族中，电子可以说来无影去无踪。它们一会儿离开原子，一会儿又突然折返。现在，让我们来观察它们的运动。

1 将少量的谷物倒在盘子或纸上，铺成薄薄的一层。

2 吹起气球，并将末端绑紧。用力把气球在你的头发或羊毛面料上来回摩擦。

3 慢慢地把气球拉开。如果你的头发够长，那么你就能看到它对气球的持续吸引力，你会发现头发竖起来了！

4 把气球放在谷物上，谷物颗粒也会立起来。通过移动气球，让谷物跳舞吧。

实验背后的科学

是什么让谷物跳舞，让你的头发竖起来呢？

是电子的运动使你的头发和谷物立了起来。通过这种方式，我们可以看到电子是如何运动的。当你把气球擦过头顶时，电子就从你的头发转移到了气球上。然后，当你把气球放在谷物上时，带负电荷的电子又会吸引谷物中的质子，因为质子带正电荷。

当你把气球移到谷物上面时，其实你就是在告诉电子该怎么做，同时这也让你看到了电子的位置。

异性相吸

当谷物立起来跳舞时，电子已经从气球转移到了谷物表面。为什么会这样呢？你可以这样思考，你用头发上的电子给气球带来了负电荷，随后，电子便自然而然地向带正电荷的质子移动。这就像舞会上的男孩，他先和自己的女伴跳舞，然后又离开女伴邀请别的女孩跳舞。电子从带负电荷的粒子群中移开，向带正电荷的质子移动。当谷物从气球上掉下来时，表示电子又回到了气球上。舞会结束了，是时候回家了。

彩虹是如何产生的

当太阳在暴风雨期间或紧接着暴风雨之后出现时，很可能会形成彩虹，在这种情况下，可见光谱中的每种颜色或波长都能以不同的角度形成反射。红色光的波长最长，紫色光的波长最短。所以，当我们看到彩虹时，我们其实看到了一个惊人的物理过程：

1. 光经过雨滴后被折射（传播方向发生变化）。当光线产生折射时，它的速度就变慢了。

2. 折射光再次射入雨滴的背面，然后被反射。

3. 最后，反射光离开雨滴，又再次被折射。

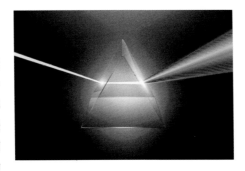

雨滴就是棱镜

当阳光进入棱镜时，人们总觉得它看上去是白色的。但是在1665年，艾萨克·牛顿证明了白光是由不同颜色的光混合而成的。牛顿做了一个实验，用三棱镜将太阳光分解成了红、橙、黄、绿、青、蓝、紫的七色色带。为了证明这一点，他让七色光穿过第二个棱镜又重新"混合"成白光。

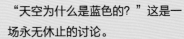

"天空为什么是蓝色的？"这是一场永无休止的讨论。

将大气层想象成一张光滑的蓝色床单，从太空的边缘一直延伸到地球表面。空气主要由氮气和氧气组成，这也是我们看到蓝天的原因之一。地球的大气层中都是氮气粒子和氧气粒子，这些粒子散射阳光。而在可见光谱中，蓝光波长较短，因此具有更多的能量。可见光谱中的所有颜色都存在于阳光中，但是比起其他颜色的光，氮气粒子和氧气粒子散射更多的蓝光，因为蓝光波长较短，具有较高的能量，更便于传播。

达·芬奇在爬上意大利阿尔卑斯山的罗莎山顶之后，回答了他自己提出的问题："为什么天空是蓝色的？"他正确地指出："太阳光通过湿润的微粒，形成蓝光。"

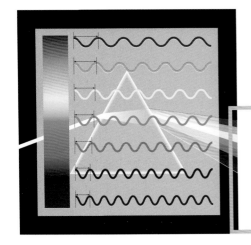

波长随着能量的增加而变短，其中蓝色光的能量较大。由于波长不同，每种颜色将以不同的角度穿过棱镜。

建一个风力涡轮机模型

如果我们可以用风能发电，那就能节约能源！在这个实验中，你将完成一个风力涡轮机，并检验不同造型的涡轮机叶片的发电量。你的涡轮机将采用与大型涡轮机相同的原理来运转，这也是一个能量转换的过程。

这个实验完整地展现了科学、工程、艺术和设计之间相辅相成的关系。设计理念非常符合当今世界能源紧缺的现状。

你需要准备：

卡纸，用于制作涡轮机叶片（可以使用彩色卡纸，或者在卡纸上涂上你想要的颜色、并画上你喜欢的图案）

尺

剪刀

牙签

美纹胶带或透明胶

软木塞

迷你1.5~3V马达（可在特殊用品商店或网上购买）

弹簧夹

万用表

铅笔或钢笔

笔记本

起风的日子（如果实验当天室外没有风，而你又很想看到涡轮机的实验结果，那么可以用风扇或吹风机来人工造风。不过，注意这时你实际上是在用电力来吹动涡轮机发电的）

1 在卡纸上绘画并剪下涡轮叶片。每种形状至少要制作3~8个叶片。勇于尝试各种不同的形状，无论是圆形、矩形、直角三角形，还是梯形。比如，你可以采用四个矩形的涡轮叶片，每个叶片的尺寸是3.8厘米×5厘米。

2 为了计算一组叶片在既定时间段内转动的次数，我们可以在每组叶片中安置一片有别于其他颜色的叶片。此外，还要尽可能多制造一些不同形状的叶片组，以在测试中获得更多比照数据。

3 在每个叶片的中间粘上牙签，叶片根部留出约2.5厘米长的牙签。随后，将带着牙签的叶片戳入软木塞中，均匀地围绕软木塞排列。

4 调整叶片，使它们的角度相同。

5 用牙签在软木塞顶部打一个洞，然后把软木塞装到马达的轴上，成为一个涡轮机。

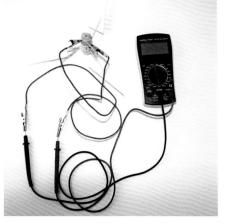

6 到室外，握着涡轮机，让它迎着风。一旦涡轮机开始工作，就到了我们测试它产能的时候了。我们把这种迎风时能产生能量的机械设备，称为迎风涡轮机。

7 将弹簧夹的一端连接到马达上，另一端连接到万用表的探针上。

11 如何用最小的风产生最多的能量呢？尝试不同的叶片角度、造型和数量，并得出一个最佳组合。是的，叶片数量和风速都将决定最终的发电量。

12 如同第一章中的纸飞机，空气分子与叶片表面摩擦，会形成阻力。试着将翼型设计运用到涡轮机叶片上，更充分地利用空气压力和动能。

8 调整万用表的设置：将电流转到直流挡（DC），电压调整到20伏（V）。

9 用万用表测量涡轮机迎风状态下产生的电压，将数据记录在你的笔记本上。

10 为了进一步比较数据和测试效果，体验涡轮机捕捉风的方式。我们可以调整叶片的角度并再次测试电压。如果数据发生变化，那么是什么影响了涡轮机的性能呢？

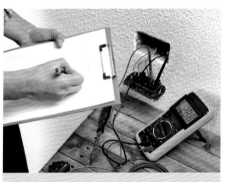

便携式万用表

万用表在电气系统中具有多种用途。它可以测量电压，就像这个实验一样。

万用表可用于测量电池中储存的能量。此外，当某些电路无法按设计正确运作时，你也可以用万用表检测电路，并根据结果调整电路。除了电压，万用表还可用于测量电流和电阻。你将在第81页体验到它的其他功能。

风，为了地球而工作

风使涡轮机转动后发电。风力涡轮机技术在近年来快速发展，这也使得其在全世界范围内的使用率不断上升。当然，进一步改进风力涡轮机技术的空间还很大，我们还有很多路要走。你或许也能为风力涡轮机的发展尽绵薄之力。

你在设计和测试风力涡轮机时，掌握了能量产生的方式。科学家们将这种行为看作工作的能力，也就是说，你拥有了科学家的基本工作能力。在第二章中，你体验了动能，这次你又深入了解了风力中的动能。

风力涡轮机是将可再生能源转化为电力的技术之一。

当涡轮机的叶片捕获了风后，便将能量传递给涡轮机中的马达部分，随后，涡轮的机械性能和能量又被转化为电能。这是一个节能的好案例。

现在，分享你在这个实验中获得的经验吧。请告诉我们为什么利用最少的风能获得最大电能是实验的关键？你还会提些什么问题来更多地了解风这种可再生能源呢？

在笔记本上写下你的想法。

该模型复刻了达·芬奇用于测量风速和水速的仪器。

电磁场

让我们把构成电磁场的元素集合起来。在创建电磁场时，我们将通过复制一个简单的发电机模型来产生电磁波。发电机由两部分组成：一个线圈（称为电枢）和一块磁铁。我们将通过把电和磁结合在一起来创建电磁场。

铜是优质的导电体。这意味着两点：第一，发电机的导电部分应该采用铜线圈；第二，电子将产生移动！电流就是电子流，它们会被磁铁拽至磁场内。

下面是本项目的核心问题和科学观察要点：

电子会因为你在磁铁上方和周围移动铜线圈而在铜线圈中流动起来吗？

导线中流动的电子，是否会使磁铁周围产生磁场？

你将在接下来的实验中找到它们的答案。

电场与磁场之间密不可分，它们会产生一种叫电磁场的东西。早在19世纪，苏格兰物理学家詹姆斯·克拉克·麦克斯韦（James Clerk Maxwell）就预测了电场和磁场之间的关系。

詹姆斯·克拉克·麦克斯韦（1831-1879），苏格兰数学物理学家。他研究并定义了电磁理论。在科学界，他的地位与爱因斯坦及牛顿并驾齐驱。

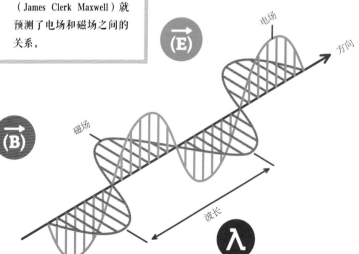

构建一台发电机（创建电磁场）

在这个实验中，你将通过移动磁铁和线圈来提供能量。在实际生产中，会通过涡轮机来转动线圈或磁铁，人们有时会像上一个实验一样采用风力涡轮机发电。而其他时候，人们则会用水力发电，或者由核能和化石燃料产生的蒸汽来发电。

你需要准备：

1米长的裸铜线

弹簧夹

条形磁铁

万用表

筒状卡纸

笔记本

铅笔或钢笔

1 把铜线在筒状卡纸上绕二十圈。

2 用弹簧夹将导线的两端连接到万用表上。将万用表设置为200mV或直流（DC）的最低挡。

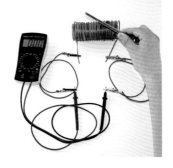

3 让磁铁靠近（但不要穿过）铜线圈。把万用表测出的数据记录在笔记本上。将磁铁绕着线圈向各个方向移动并观察万用表上的数值变化。

4 现在，将磁铁穿入线圈并来回移动。重复这个动作，并不断改变移动速度，时而加快，时而减慢。

自问自答

如果把线圈放在磁铁上方，那么万用表的数据会发生什么变化呢？磁铁保持静止状态时，数据如何？万用表的读数最高时，磁铁在哪个位置？

告诉电子它们该做什么

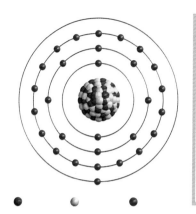

铜原子有29个质子和29个电子，但其中一个电子离原子核特别远。这是因为第29个电子是一个价电子，是原子最外层的电子。左图中，哪个电子是价电子？

对电子发号施令

告诉那些游走的电子该做什么，让电流动起来。

在移动时离原子核最远的电子就是价电子。与靠近原子核的电子相比，价电子在通过电路时只需要很少的力来引导。在下面的实验中，你将构建一个电路，引导电子按你设计的模式运转，并最终点亮LED灯。完成后，你将拥有一个简单却很美丽的作品，它可以嵌入你的任何衣物，比如背包、衬衫、帽子等，甚至可以水洗（当然要先取下电池！）。

描述电的流动

当你构建电路时，你实际上在引导电子离开电池，并移动到开关（用于控制电流）。经过开关后，电子通过电路传输到开关的另一侧，并进入LED灯或者发光二极管。你正在利用电子并控制它们的运动。

LED灯的颜色和波长是单一的，就像可见光的颜色和波长一样。当电流通过它，LED灯就会被点亮！

构建电路的材料需要具备良好的导电性，通常由镍、不锈钢、铜等金属制成。

电子的移动方向

电池和LED灯都有正负极之分。正负极通常是分开的，并分别用符号"+"和"−"表示。当一个电子元件同时有正极和负极时，我们可以说它是极化的。

构建电路时，要将正负极分开，从而告诉电子如何移动以点亮LED灯。电子将经过电路表面从一个原子移动到另一个原子。

创新的电工技术

建立一个简单的电路

电子织物可以称得上STEAM项目的一个小高潮，因为它将科学、工程、艺术和设计完美地融合在了一起。当然，这也是对我们更大的挑战。

在开始设计前先问自己几个问题：

如何排列导线和LED灯，使它们看起来更漂亮？

电池底座是设计的一部分，应该放在毛毡的正面还是背面？

开关起到终止或连贯电流的作用。当开关接通时，电路"闭合"，电流沿着设计的路线游走，LED灯被点亮。当开关断开时，电路断开，电力中断，LED灯熄灭。

你想设计什么样的开关？

你能从身边找到哪些既能导电，又独具创意的金属小物件来充当开关呢？

开关安置在哪里才能既实用又美观？

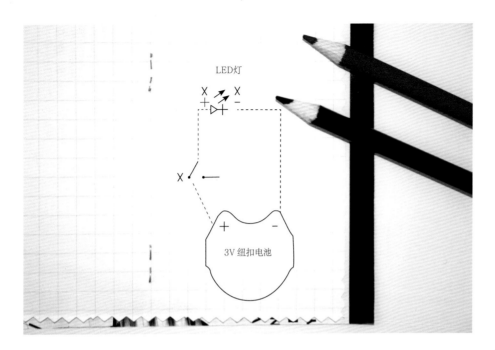

LED灯

X X
+ —

X

+ —

3V 纽扣电池

1 在你的笔记本上绘制电路设计草图。

草图要包含以下内容:

电池底座摆放的位置。你可以先画电池,再画其他配件,这样就简单多了。

用红色表示正极电路。这是一条从电池正极开始延展到开关的线路。在开关处画个"X"。接下来,开始画开关的另一侧,将其连接到LED灯的正极,然后画个"X"。

用"X"来表示电路中重要的连接点!

参考上图中的开关符号。

用黑色画出负极电路,连接电池底座的负极与LED灯的负极。

备注电池的电压伏数。

2 决定毛毡的正面和背面。

3 将一股线穿过针孔。注意穿针时只用单股线。

4 在线的末端打结。先绕个圈,然后把尾线穿过去,再把结逐渐拉近线的尾端。重复这一步骤,在第一个结上再打一个结。

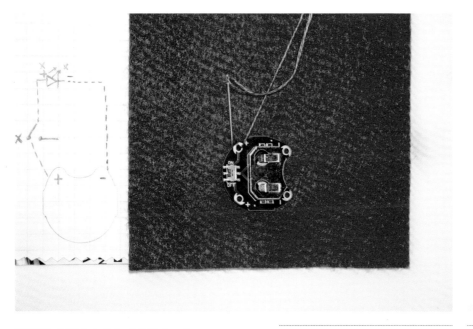

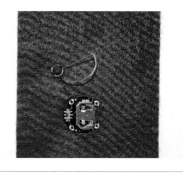

5 把正极电路与毛毡缝在一起。

小贴士：如果电池底座上有两个正极和两个负极，你只需要缝其中一个即可。

a.将电池底座的正极（＋）缝到毛毡上，缝三针。

b.以整齐的针脚从正极缝到开关位置。然后在开关位置缝上一个小铁环，同样用三针将它缝牢。

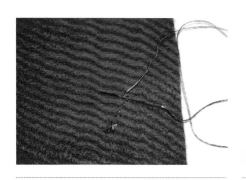

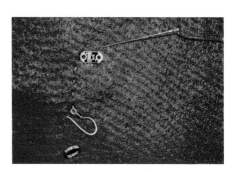

c.在线的尾端打结。将毛毡翻到背面，把针从最后一针下穿过，在还没有拔出针的时候，把线在针尖上再绕几圈，随后把针拉出来，一个结就完成了。

d.从毛毡上剪去多余的线头。

e.用三针将另一侧的开关缝在毛毡上。如果线的一头和其他地方连接在一起，那么它会形成和此次实验无关的新回路，进而导致开关失灵！

f.以整齐的针脚从开关处缝到LED灯的位置。

g.继续缝制正极电路，用三针将LED灯的正极缝在毛毡上。

h.在线的尾端打结，然后一定要从毛毡上剪去多余的线。

6 缝制负极电路。

a.用三针将电池底座的一个负极（－）缝到毛毡上。确保针脚不接触或接近底座的正极部分。

b.继续缝合负极电路，从电池底座的负极缝到LED灯的负极位置。

c.在线的尾端打结，并剪断多余的线头。

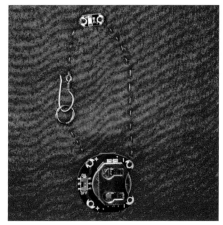

d.仔细查看毛毡的背面，修剪多余的线头，确保正极的缝线不会与负极相交。

7 将纽扣电池光滑的一面朝上插入电池底座。

8 接通开关，闭合电路，电流就开始流动了！

太厉害了，你完成了一条电路哎！

关键：
如果你要把这次实验的成果扔进洗衣机清洗，一定要先把电池拿下来。

排除电路故障

电喜欢偷懒，所以它总会挑选最简单的路径，也就是阻力最小的路径来运动。

把电路想象成一条为电子组成的道路。如果主路边出现旁路，那么电子就会跟着这条旁路往边上走了。旁路就像是我们回家走的近道，但在电子学领域，旁路也被称为短路。电路发生短路时，可能会因为过热而引起小火灾或小爆炸。当我们手中有一条电路要完成时，我们可不希望辛苦的劳动成果被烧毁。幸运的是，发生火灾或爆炸的概率很小，但提前了解最坏的结果总是好的，这样你就可以避免它的发生。

以下是六种容易造成短路的细节。如果在实验中遇到这些情况，最糟糕的结果是什么？LED灯亮不起来。

附着在电路或织物上的杂乱导线。可以用圆筒状的玻璃胶带来清理这些几乎看不见的线。

松散的针脚。

在电池底座表面缝线。

在开关的下面或上面缝线

正极电路尾端的线头与负极电路相交，反之亦然。

负极电路的针脚离正极电路太近，反之亦然。

最后，你的LED灯是怎么亮起来的？在笔记本上用自己的话解释一下。

设计技术

技术的真正含义

1969年，美国国家航天航空局提供技术，使尼尔·阿姆斯特朗（Neil Armstrong）得以往返月球，并成为第一个在月球表面行走的人。看看手中的手机，现在你掌握的技术比当时先进太多了。但当时的太空技术就足以帮助人类迎接探索外太空的挑战。

技术就是运用科学设计出能解决问题的工具。它涵盖了解决方案和制作方法。想一想，在1973年手机被发明之前，从来没有出现过这样的东西。

如何制造手机也是一个需要用科学来解决的问题。在摩托罗拉的实验室里，实用的技术被用在手机的设计开发过程和最终成果中。这两者都是技术。

技术的关键在于它并不局限于高科技。有些技术看起来可能技术含量很低，但它仍然是技术。比如，可以过滤水的书，这本书为发展中国家的人们介绍了饮水安全的相关信息。书的内容印在滤纸上，滤纸可以用来过滤水。根据报道，用滤纸过滤后，水中的细菌会减少99%以上。在这个案例中没有电，也没有电脑，但它仍称得上是技术。

定义技术

那么我们如何确定什么是技术呢？以下是技术的一些特点：

在生产过程、最终产品或者两者中用到了科学的方法。

解决了一个问题。

产生有用的结果。顶尖技术可以改善人类和其他生物的生活。

把知识应用在实际生活中。有了技术，知识不再是空洞的理论。

如果使用了新的科学方法或材料，那就是高科技，尤其是计算机科学和电子学。比如，当马丁·库帕（Martin Cooper）发明移动电话时，他创造了一种高科技的设备，解决了一个问题，同时以一种有用的新方式将现有的科学知识应用于其中，使居住在地球上的人类可以享受更安全、更便捷的生活。

对技术的再认识
至今仍然很重要

在达·芬奇的时代，纸张及其制造过程都是技术。今天，再生纸及其制造过程也可以被视作技术。下面解释了为什么再生纸符合技术的概念：

观察达·芬奇是如何在笔记本上写写画画的。从这些手稿中，我们可以得出结论，纸张的制作在达·芬奇所生活的时代仍然是很重要且有价值的技术。下面这页笔记的纸张是用亚麻制成的，时间约为1508~1512年。

在再生纸的制造过程中用到了科学。

再生纸解决了几个问题，例如减少纸张的使用量和丢弃率。你知道吗？美国每天的用纸量超过250万个相扑选手的总重量，而生产那么多纸需要大约81.5万棵松树。

再生纸能创造出有用的新产品。通过回收利用，我们不必为了用纸而失去森林。再生纸是一种解决方案，对家庭、学校、图书馆和企业都很有用。

回收利用的过程使科学知识以一种有益于每个人生活的方式出现，这非常实用！

松树既能为野生动物提供家园，也能保存地下水，为土壤的健康做出巨大贡献。如果没有树木，那会是怎样的场景呢？再生纸可以为人们提供足够的纸张，同时减少人们砍伐树木的数量。

造纸

大约1494年，意大利人弗朗西斯科向大家大肆吹嘘意大利纸的高质量，在对技术的描述中他谈到了造纸过程。弗朗西斯科写道："现在我们用旧的或者破烂的亚麻碎布造纸。"文艺复兴时期的意大利造纸者发现，亚麻是非常坚固的物质，因此它们也能生产出坚韧的纸张，就像达·芬奇的笔记本一样，能够保留几百年而不腐烂。

五百多年后的今天，纸仍然可以由亚麻和草本植物制成。纸张也可以用棉花、黄麻、竹子、木头混合制成，或者可以由海藻、香蕉浆、花和杂草制成。这些技术都有什么共同点呢？没错，生产材料都是植物。植物里有纤维，因此几乎所有植物都可以制成纸张。就像骨骼为你的身体提供结构，纤维为植物提供它所需的结构。

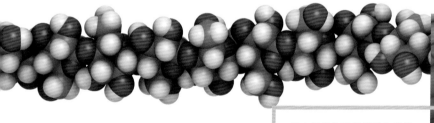

设想一下

把纤维想象成一把长长的、未煮过的意大利面？纤维由葡萄糖链（单糖）构成的长分子组成。当我们从植物中提取出纤维时，它看起来还像又长又韧又黏的白色细绳，这些细绳叠加在一起便制造出了强韧的纸张。

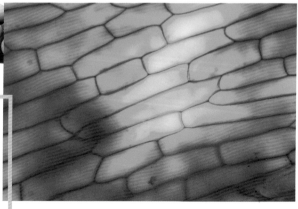

这个纤维分子的模型向我们展示了纤维的长度，正是纤维使植物和纸张变得坚韧。右图是显微镜下的洋葱细胞，向我们展示了纤维坚实且漂亮的结构。

一个甜蜜的故事

在造纸时，纤维加水打成纸浆，但纤维分子仍然黏在一起！为什么会这样？这是因为纤维由葡萄糖构成。

葡萄糖是食用糖的常见组成部分，出现在大部分植物性食物中。科学家把葡萄糖称为碳水化合物。正如碳水化合物这个词的字面含义所示，它是由碳元素、氢元素和氧元素组成的混合物。有了这些信息，你就可以像化学家和生物学家那样研究纤维了！

把回收来的旧纸张打成纸浆，均匀地平铺在一个模具上，等干透后它们就会变成一张新的再生纸了。

那么纤维是怎样变成纸的呢？这就需要用到科学知识了！相信自己，每个人都可以成为造纸行业的科学家、艺术家或工程师。接下来，我们将用回收的废纸制作再生纸，从中体验科学和艺术的交融！同时，这还可以解决当代的环境问题。

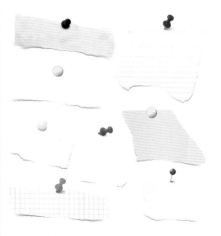

根据纤维分子的质量，我们对纸张中纤维分子的长度和强度有了基本的概念。处理不同类型的纸张时，我们可以感受到每种纸耐用程度的区别。纸张的质量越好，纤维分子就越长。纸张每被循环使用一次，耐用性就会降低一些，因为纤维被多次打碎了。一张纸可以循环利用并制成新纸的次数大约是七次。

把科学与艺术结合起来造纸

制造属于自己的纸张

首先需要收集废纸，它们之后会被制作成新的再生纸。以下是你可以从身边找到的废纸：

使用过的办公用纸

垃圾信件，包括信封

废纸

购物纸袋

旧的工程图

旧的艺术纸

报纸

记住：

你收集的纸张颜色会影响到最终制作出的纸张颜色。

如果你收集的废纸太多，可以分几次使用。

不要使用热敏纸收据。

不要收集塑料！

观察收集到的纸张类型。我们已经知道纤维决定了纸张的强度。那么下面哪一种纸的纤维更长，是报纸还是艺术纸？

你需要准备：

造纸材料

撕成2.5厘米长的纸片

水

不再用于制作食物的搅拌机

塑料桶

要添加到纸张混合物中的装饰品，如花籽、花瓣、叶子和闪光粉（可选）

旧汤匙

干海绵

擀面杖或木板

几张毛毡或其他表面光滑且吸收力强的材料（尺寸略大于准备制作的纸张）

用于晾晒新纸的平坦表面，如光滑的玻璃板或胶合板

模具和定边器材料

两个20厘米×25.5厘米或更小的旧相框，去除玻璃和其他金属物。

尼龙或其他网状织物（水可以通过网孔排出）

铁丝网

剪刀

尺

铁皮剪

钉枪

电缆胶带

风雨挡条

铅笔

笔记本

小贴士：
这个实验需要一名成年人的协助。他可以帮你操作搅拌机，也可以帮你拉开铁丝网并将其钉到画框上。

在开始之前先阅读所有步骤。在做好模具和定边器后，你要分五个阶段来制作纸张。

制作模具

1 测量相框的长度和宽度，并将数据记录在笔记本上。

2 用剪刀对网状织物和铁丝网进行裁剪，长宽各比相框小6毫米。也就是，如果你的相框是20.3厘米×25.4厘米，那你的网状织物和铁丝网尺寸应该是19.7厘米×24.8厘米。

3 将铁丝网展平，铺在相框的上方。

制作定边器

1 将风雨挡条贴在第二个相框的背面，使其与相框边缘对齐。

你的模具和定边器都已经准备好了！

4 拉伸铁丝网，调整它的位置，将其钉在框架一侧的中点上，接着钉在对边的中点上。

5 重复步骤5，继续拉伸铁丝网，并将其钉在另两条边框上。

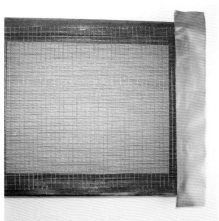

6 现在将铁丝网完全固定在相框边上。

8 用胶带覆盖钉好的边框。确保胶带不要超出相框范围。

7 将网状织物放置在铁丝网上，并重复步骤3~6。

制作纸浆

1 把大约1升的水倒入搅拌机，使其呈现半满的状态。

2 加几把2.5厘米长的纸片。

3 用搅拌机进行搅拌，直到纸浆呈现出润滑的浓汤状。搅拌过程中可以根据情况调整水量。

制作纸张

1 将纸浆倒入塑料缸中，装到大约三分之一到一半时即可。

2 如果要做较薄的纸张，那么可以在塑料缸中多加些水。现在，混合物应该看起来像汤一样。纸浆中的葡萄糖分子现在已经融在了水里，它们将与纸浆中的纤维分子重新结合，形成新的纸张。

3 卷起袖子，开始搅拌纸浆！

4 根据自己的喜好添加配料，如花籽、花瓣、松针、香料，使纸张变得更加独特。

5 将定边器贴着风雨挡条的那面朝下放在铁丝网相框的上方。现在，将模具的筛面朝上，以略倾斜的角度浸入塑料缸中，这样你就可以从塑料缸底部舀出纸浆。

6 拿起模具，使它保持水平。

7 轻轻地前后左右摇动模具，使纸浆在铁丝网上形成均匀的薄膜。水滴干后，就可以将新的纸转移到平坦的吸水表面上了。

转移湿纸

　　将铁丝网正面朝下放在平坦的吸水表面上，比如毛毡或纸巾。快速地按压框架，然后沿着一条边一次性抬起来。

压制

1 在新的纸上放上毛毡或其他吸水材料，并用海绵在上面轻轻按压。

2 换一张毛毡或者吸水材料，用擀面杖压出多余的水分。

　　你也可以在毛毡和纸上放一块板、一本厚书或其他东西来压制。你压得越多，手工纸的质量就越好。

晾干

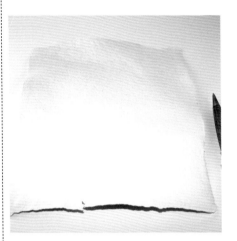

　　你的手工纸可能需要1~3天才能彻底晾干。如果希望纸张更加平整，可以将纸张边缘轻轻地压在平整的板面，比如胶合板或玻璃板上。如果想要带有肌理的艺术纸，那就直接把纸夹在晾衣绳上晾干。如果想要肌理特别同时呈波浪状的纸张，可以让它自然晾干。每张纸变干后，都会呈现出独一无二的特征。

塑料制品及问题的解决

如果不回收再利用会有什么后果？这个问题值得深思。

塑料的生产量从1950年开始逐步增加，当时生产的塑料大部分至今仍然存在，塑料正占据着越来越多的空间。科学家和工程师已经得出结论，如果继续任其发展，那么到2050年，海洋中塑料的重量将超过鱼类。了解这些数据可以提醒我们改变自己的生活习惯。科学家们正在研究解决方案，我们也应该做些什么，从下面这些小事开始吧：

了解包装袋和纸箱底部的数字和符号的含义。

找出哪些物品可以回收再利用，哪些不能。

寻找有哪些物品可以旧物改造，比如塑料。

你的住所、学校、公司和公共建筑都设有回收箱，你家里可能也有一个回收箱。有些社区会在每周特定的日子，从每个家庭回收可回收物品。

科学家知道什么？

世界上有91%的塑料都没有被回收再利用。算一算，回收利用的部分只有多少？这些信息来自一个科学家团队，他们在2015年发起了一项全球范围的塑料总量研究，并在《科学进步》杂志上发表了研究结果。

塑料分解或降解所需的时间超过四百年。换句话说，人们现在消耗的塑料到了25世纪可能仍然存在。

回收符号提醒我们，不要随意丢弃！

聚乙烯是石油中乙烯单体的聚合物，这是它的化学模型。

数以百万计的聚合物链形成了树脂，树脂是用来制造塑料的材料。

塑料起源于一个单分子结构

塑料在自然界中并不存在，而是由化学分子合成的。塑料通常由天然气或石油分子制成。它也可以用玉米、木纤维或其他植物材料制成，比如香蕉皮。

塑料中常用的分子是乙烯单体。乙烯是一种提炼自石油的化学品。单体的英语是"Monomer"，其中"Mono"意味着"一"，"-mer"意味着"部分"。你可以在家里和学校里的塑料容器上找到乙烯的回收标志。另一种常见的塑料是合成的高密度聚乙烯，简称HDPE。

在制造塑料的化学过程中，形成了数以百万计的聚合物链。大量聚合物结合在一起成为树脂，这几乎是所有塑料产品的原料。

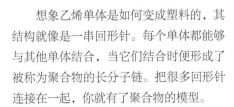

想象乙烯单体是如何变成塑料的，其结构就像是一串回形针。每个单体都能够与其他单体结合，当它们结合时便形成了被称为聚合物的长分子链。把很多回形针连接在一起，你就有了聚合物的模型。

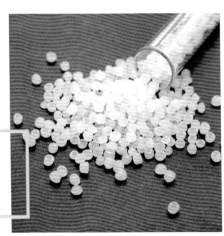

右图是由聚乙烯制成的微粒状树脂。它们是a2号塑料。

让塑料时尚起来

这个实验分为两部分：首先，你将用回收来的塑料设计织物；然后，你将用新设计的织物为自己做一个小号工具包。在动手前，你想从达·芬奇那里获取一些灵感吗？欣赏右侧的作品《年轻未婚妻的轮廓》，看到模特的头饰了吗？你觉得将这位年轻女子头饰上的几何图案融入织物设计中怎么样？

你需要准备：

八个塑料袋

剪刀

烤盘纸

熨斗

熨烫板

直尺

铅笔

笔记本

大头针

魔术贴

一个伙伴

收集八个塑料购物袋或塑料产品包装。注意要选择那些材质轻薄、颜色或图案惹人喜爱的塑料制品。寻找带有这些符号的塑料制品：

HDPE，即高密度聚乙烯。它是一种坚固的轻型塑料，它的符号是再循环符号中有一个数字2。

LDPE，即低密度聚乙烯。它的符号是再循环符号中有一个数字4。

设计自己的塑料织物

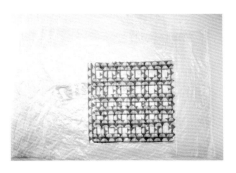

1 把熨斗调到中等温度。在等熨斗加热的时候，先做下一步。

2 确定织物的主色调。我们将要把各种塑料袋拼接在一起。如果你希望最终完成的织物色调统一，那么在选择袋子时，就要把所有塑料袋的颜色大致统一起来。如果想要创造混色效果，那就要按照色彩原理挑选不同颜色的袋子。选出四个心仪的塑料袋。

3 进行设计。你想用四个塑料袋剪出哪些字母、单词、几何形状或其他图案呢？案例中采用了重复的网格图案，小心地将其剪下，并置于顶层。

4 以这四个塑料袋作为织物的基底，剪去塑料袋的手柄，并沿底缝裁开。

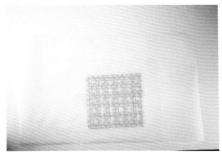

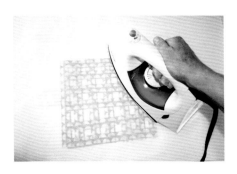

5 将塑料袋一侧的侧缝剪开，铺展开来。

6 将所有塑料袋都修剪到大致相同的长度和宽度。

7 把两张烤盘纸按照比塑料袋大一些的尺寸裁剪。

8 请按如下顺序叠放：

烤盘纸
四个展开铺平的塑料袋
装饰用的塑料碎片
烤盘纸

9 务必把烤盘纸放在这叠材料的最上方！注意不要让塑料袋露出来。

10 用熨斗加热，使所有的塑料袋融合在一起，注意边缘也要熨平。

11 将熨斗在这叠纸的最上层熨烫20~25秒或大概八个来回。

12 掀起烤盘纸。塑料袋融合在一起了吗？如果没有，将整叠纸翻一个面，盖上烤盘纸，再熨10秒钟左右，直到塑料完全熔化。注意要仔细检查塑料层的边缘是否融合到了一起。

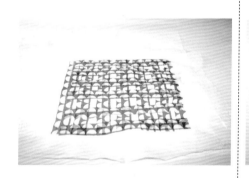

13 去除顶层的烤盘纸，让塑料纸冷却干燥。

你刚刚把一个连垃圾填埋场也感到棘手的问题，变成了可以缝纫的时尚材料，一种令人印象深刻的新型可再生织物！

制作你的小包

下面是信封式小包的制作方法。这个包非常适合用来摆放小玩意儿，比如入耳式耳机、挂绳式胸卡和U盘！这个小东西看着有趣，做起来也容易，它既不需要缝纫也不需要胶水。但是，你需要一个合作伙伴！

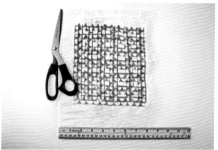

1 把你的新塑料片裁剪成21.5厘米×28厘米。

小贴士：可以参考21.5厘米×28厘米的纸张。

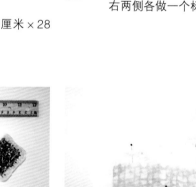

3 沿着10厘米标记处，精确地将织物对折，然后用大头针将上下两层固定在一起。

2 翻转你的织物，彩色面朝下，在底部往上10厘米处进行标记，左右两侧各做一个标记。

4 剪一张22.5厘米宽、12.5厘米高的烤盘纸。将它放置在折叠后的塑料织物上，注意要与对折处对齐，并用大头针固定。

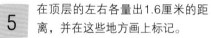

5 在顶层的左右各量出1.6厘米的距离，并在这些地方画上标记。

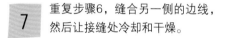

6 把烤盘纸垫在塑料织物下面，让实验伙伴把直尺或其他直边工具牢牢地固定在刚才1.6厘米的标记点上。用熨斗沿着直尺在织物的外边缘来回熨烫，这便形成了一条用压熔法缝合的边线。

7 重复步骤6，缝合另一侧的边线，然后让接缝处冷却和干燥。

8 从顶部6.4厘米处向外折，这是小包的翻盖。

9 整个包宽21.5厘米，那么21.5厘米的一半是多少？在翻盖下方画出标记，接着在折痕下方5厘米处进行标记，使两者相交，交点就是放置魔术贴的位置。

这样你的包就可以关上了。

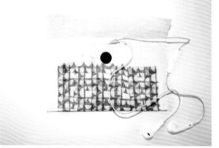

10 在翻盖背面的对应位置放上第二块魔术贴，将两张魔术贴都粘在织物上。

完工啦！你创造了一个独一无二的小包。在笔记本里，详细说明你的制作过程。你会如何指导别人呢？

塑料袋使用情况的研究

试着当一个科学调研者。让自己像科学家和工程师那样思考，研究塑料袋在家中的使用情况。致力于解决海洋塑料垃圾问题的科学家们告诉我们，每个人都要从自己做起。接下来，我们将对自己家中的塑料袋使用情况进行追踪记录。

看一下日历，选择连续五天进行跟踪记录，记下塑料袋的数量。请按照以下组别进行记录：

家中现存塑料袋

清点家中现存的塑料袋数量。有两种计数方法：你可以一个一个进行统计（从1、2、3开始计数），也可以按体积计数。如果要按体积计数，那么就把所有的袋子放入一个大的垃圾袋中。记录垃圾袋的容量，你可以在外包装上找到它，比如49.2升。

新塑料袋

记下你五天内新带回家的塑料袋数量。

回收再利用的塑料袋

你和家人是如何对塑料袋进行回收再利用的？在笔记本中逐一记录。例如，你可以带着旧塑料袋去杂货店买东西，把它用作邮寄物品时的包装材料，或者和前面的实验一样用塑料袋制作一个新的小配饰。记录五天内重新使用的塑料袋总数。

被扔进垃圾桶的塑料袋

数一数有多少塑料袋被扔进垃圾桶，运到垃圾填埋场。

海洋中的塑料污染。

研究名称：

调查小组的成员姓名：

	日期和袋数	日期和袋数	日期和袋数	日期和袋数	日期和袋数
现存的塑料袋数量					
新带回家的塑料袋数量					
回收再利用的塑料袋数量					
扔进垃圾桶的塑料袋数量					

塑料袋的计数过程：

本研究得出的结论：

　　尝试和你的家人一起合作完成这项研究。研究是否最终影响了家庭成员在回收再利用方面的习惯呢？

科学透视法

从15世纪开始，文艺复兴时期的艺术家们就想要更准确地描绘他们所看到的世界。他们认为，一个人在画布上看到的事物，应该和他在现实生活中所看到的一样。这就给他们带来了一个巨大的挑战：艺术家工作的画布表面是平面，而实际景物却是有深度的。

文艺复兴时期的艺术家们希望能在画布上表现出物体与定点的远近，以及物体之间的空间感。这种能力被称为深度感知。

举一个例子，在现实生活中，放在桌子上的苹果可以在空间中四处移动，我们也可以从各个角度进行观察。然而，画在纸上的苹果只能看到一面，而且还不能移动。艺术家们想做的就是赋予苹果立体感，让它看起来更加逼真，让观者产生一种错觉，这个苹果甚至可以拿起来吃掉。

大约1420年，艺术家、建筑师、工程师菲利普·布鲁内莱斯基（Filippo Brunelleschi）为这个涉及绘画和几何学的问题找到了解决方案。他发明了科学透视法，又称一点线性透视法，这符合技术的定义。

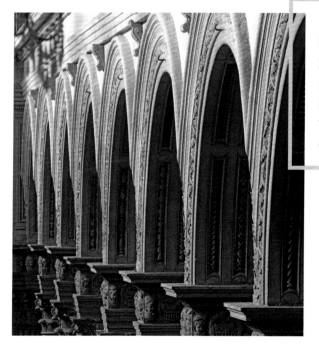

菲利普·布鲁内莱斯基在他自己的作品中对透视进行了深入研究。左图是他在佛罗伦萨设计的圣洛伦索大教堂的内部细节，从中可以看出平行线会在远处逐渐聚集。

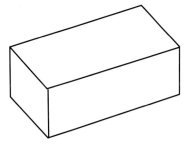

接着，我们将通过画有四条边的物体来练习科学透视法。以这块美味的柠檬排为例。先把柠檬排视作一个黄色矩形，矩形有宽度和长度，但是缺少深度。

通过计算角的数量来进行比较。这个黄色矩形有四个角，而柠檬排有八个角。物体具有空间深度的角被称为顶点，而具有深度的矩形则称为长方体。让我们像艺术家一样准确地画出柠檬排的形状，让它看起来就和我们眼睛中看到的一模一样。

成为魔术师

为了画出柠檬排的实际形状，我们需要创造出长方体的深度错觉。我们总是说我们正在创造"错觉"，这是因为我们要在二维平面上表现三维的物体，包含宽度、长度和高度三个维度。这也正是达·芬奇和其他文艺复兴时期的艺术家所做的。而相比之下，矩形就只有两个维度：宽度和长度。

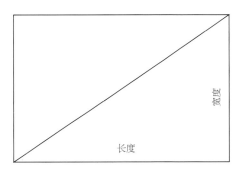

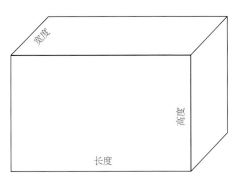

跟着文艺复兴时期艺术家的脚步，用铅笔描绘出这个多维度的世界吧！

维度是什么意思？

维度是在某个方向上的测量结果。你的身高是一个维度，它测量的是你从头到脚的高度。但你的身体不止一个维度！身体的宽度是一个维度，脚的长度也是一个维度。二维物体只需测量长度和宽度两个维度，三维物体则要分别测量长度、宽度和高度三个维度。

画一幅三维图

在这个实验中，我们将用到一点线性透视，在画面的中心位置添加一个点作为消失点。在画纸上画出柠檬排吧！它是一个长方体。

你需要准备：

铅笔

笔记本、绘图纸或草图纸

尺

1 画一个长5厘米、宽2.5厘米的矩形。

2 找到这个矩形的中心：两条对角线的交点。

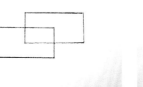

3 从这个新的中心点开始，在第一个矩形上面再画第二个矩形：刚才的中心点就是第二个矩形右上角的顶点，然后从这个点开始，画一个与第一个矩形尺寸相同的第二个矩形：长5厘米、宽2.5厘米。

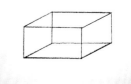

4 现在，你将添加四条代表宽度的维度线！用直尺和铅笔把几个顶点连接起来后，就出现了四条边缘线：

左上角的外边缘

右上角的外边缘

右下角的外边缘

左下角的外边缘

完工了！你画了一个长方体，一个在二维表面上的让人产生三维错觉的立体图形。

科学透视法和达·芬奇的《最后的晚餐》

　　对于文艺复兴时期的艺术家来说，赋予作品与生活相匹配的维度和视角是最重要的新技术和创新手法。这项创新科技的最佳案例当属达·芬奇的《最后的晚餐》。

　　《最后的晚餐》的创新之处在于，达·芬奇所使用的维度技法，让这个作品看起来就像真的发生在米兰圣玛利亚·戴尔·格雷泽修道院的餐厅里一样。他试着让这幅画看起来像通往另一个房间的一扇窗户一样，而那里这个重要的时刻正在发生。

消失点

　　《最后的晚餐》是艺术家们展现透视法的一个标准样本。在文艺复兴时期，人们开始用消失点来展现艺术维度，这种方法使作品显得更加精准。消失点是艺术作品中对角线相交的中心点。

　　再看一遍《最后的晚餐》。如果将连接天花板的两条透视线在画面中间交点画一个X，就可以确定所有的线相交后的消失点了。

创建一个错觉空间

你需要准备：

铅笔

笔记本、绘图纸或者
草图纸

彩铅

橡皮

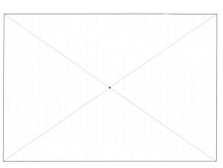
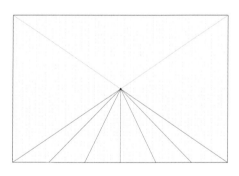

1 用铅笔画一个宽8厘米、长12厘米的矩形，这是你空间的边界线。

2 找到矩形的中心：用尺子把两组对角点相连，在两条对角线的交点轻轻地画一个X。矩形中心离每个顶角的距离应该都是7.25厘米——这就是消失点。

3 添加斜线来表示地板。首先，画一条从消失点到矩形底部中点的垂直线；随后，在中点两侧每隔2厘米画一条线，指向矩形的中心。这样，底边上的七条线就完成了。

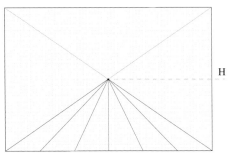

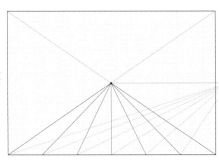

4 现在，用文艺复兴时期的手法给空间添加深度。把地板变成地砖，地砖离眼睛越远，其尺寸就越小。

5 将直尺经过消失点水平放置，在矩形外侧0.6厘米处添加标记H，这可以帮助你画出地平线。

7 接着，将底边上的点与标记点相连，轻轻地画出第二组斜线。发现了吗？我们正在创建一个三维的地面！

6 将消失点和标记点H相连，画出地平线。

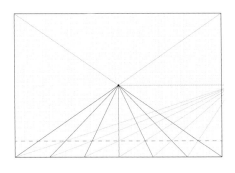

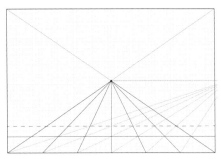

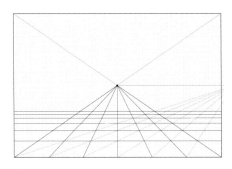

8 寻找两组斜线最左侧的交点。经过交点用直尺从左到右画一条水平线。

9 向右寻找下一个交点，用相同的方法再画一条水平线。

10 继续寻找交点画水平线。完成后，擦除步骤7中绘制的斜线。为地板上的每一块地砖上色，创造出棋盘般的效果。

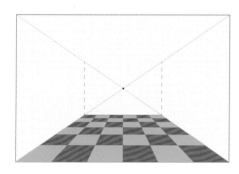

11 为空间的深处画一堵墙。把尺子放在地板的左上角，往上画一条垂线，直到与左上角的对角线相交。以此类推，画出右侧的垂线。确保这两条垂线的高度相同。现在，地板、墙壁和天花板初见雏形了。擦去多余的地平线和斜线。

12 连接两条垂线的上端，画出墙的顶部。

13 给房间加个窗户。在左侧的墙上画两条相互平行的垂线，代表窗框的左右两边。

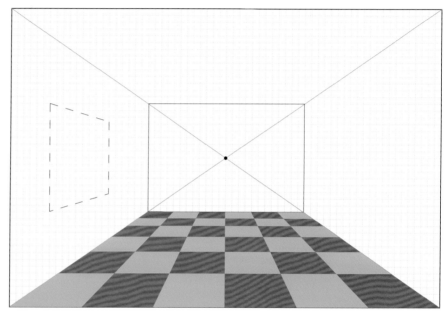

14 继续画窗户，请将直尺放在消失点和这两条新建的平行线的顶部。轻轻地画一条对角线，以此创建窗户的上边框。用相同的方法画出窗户的下边框。完成后，擦除多余的参考线。

太棒了！你成功地把一个二维平面转变成了一个拥有三维错觉效果的空间！

这个三维绘画实验将为你后续的户外创作提供基础和灵感。

将化学融入艺术

在开始绘制前，有两件事情要做：

选择户外空间

壁画的建议尺寸是1.2米×1.8米或2.44米×3.66米。

设计你的主题

壁画借鉴了实验"创建一个错觉空间"中的速写草图。我们将运用科学透视法和消失点来创作壁画，为观者营造出身临其境的效果！用卷尺测量矩形的尺寸，并用粉笔在室外墙面绘制草图。

卫生小贴士：

当你完成创作并经过展示后，你可以用浇灌花园的软水管将墙壁冲刷干净。

达·芬奇的启发

达·芬奇的作品《最后的晚餐》在两个重要方面具有创新性：其一，他运用了科学透视手法，赋予了场景空间感。在二维平面上创造出了三维视觉效果，使观者身临其境。其二，达·芬奇使用了一种自创的新型绘画技术。

在本节中，你将使用自己调配出的颜料，以科学透视法创作一幅大型的户外壁画。同时，你还会将化学融入艺术中，为作品注入新的活力！

户外空间，就是你将要创作自己杰作的地方。决定创作地点，比如学校走廊或车库车道。

等比例放大草图

创作壁画需要等比例放大草图的尺寸。如果你是按照之前的步骤操作，三维草图的尺寸应该是10.16厘米×15.24厘米。壁画作品将是原稿的放大版本，为了更精准地按比例放大草图，我们需要解决下述问题：

我们要放大多少倍？

倍数是某物大小增加或减少的次数。如果我们想要创作1.2米×1.8米的壁画，那就先要将单位米换算成厘米。你知道1米等于多少厘米吗？1米等于100厘米，壁画尺寸是1.2米×1.8米，换算成厘米后结果如下：

1.2×100=120厘米

1.8×100=180厘米

那么我们需要将草图放大多少倍呢？我们可以先把1.2米换算成120厘米，随后用120除以10.16，约等于12。将180除以15.24，也约等于12。也就是说，绘制壁画时，我们需要将草图放大12倍。

现在，如果壁画尺寸改成2.4米×3.6米了呢？同样，先把米换算成厘米，即240厘米×360厘米。然后，计算放大倍数：

240÷10.16=

360÷15.24=

两者的答案都约等于24，也就是需要将草图放大24倍。

设计属于你的色轮

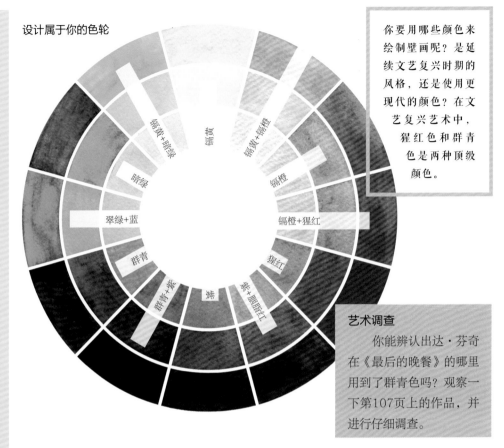

你要用哪些颜色来绘制壁画呢？是延续文艺复兴时期的风格，还是使用更现代的颜色？在文艺复兴艺术中，猩红色和群青色是两种顶级颜色。

艺术调查

你能辨认出达·芬奇在《最后的晚餐》的哪里用到了群青色吗？观察一下第107页上的作品，并进行仔细调查。

你想用什么颜色来创作？在壁画的创作中，每种颜色都要有单独的容器盛放。

小贴士：群青色是文艺复兴时期最珍贵的颜色，因为它是由从中东进口的天青石磨制而成，那是一种半宝石材质。因此，在当时艺术家一旦使用这种颜色，就能瞬间提升作品的价值和整体形象。

再现文艺复兴时期的群青色。使用可食用颜料，添加24滴蓝色、2滴紫色和4滴绿色，你就能领略群青色的魅力了。

小贴士：使用文艺复兴时期和当代的其他顶级颜色。颜色可以给作品带来巨大吸引力。猩红色是文艺复兴时期艺术家的最爱。使用可食用颜料，将12滴黄色和10滴红色混合就能调和出猩红色。

室外壁画

在这个实验中，你需要朋友的协助。你还可以邀请几个朋友来为你的壁画揭幕。达·芬奇喜欢参加聚会，在那里他可以分享和收集他人的信息。所以，你的壁画展示也可以和聚会一样成为一个重要事件。如果你已经准备好调色板，也决定了绘制壁画的具体地点，并在室外用粉笔画好了壁画草图，那么就可以准备上色了！

你需要准备：

蒸馏过的白醋

几个干净的喷雾瓶

水管

调配颜色所需的工具：

118毫升小苏打

59毫升玉米淀粉

叉子

240毫升刚烧开的热水

可食用颜料（所有需要的颜色都能在美术用品商店买到）

抗热塑料容器，每个颜色都要配一个容器

笔刷

1 将玉米淀粉和小苏打倒入碗中，用叉子搅拌。

2 慢慢加入热水，一边倒一边搅拌。如果你的混合物变成块状或难以搅拌，慢慢加入更多的热水，直到块状消失。

3 加入你选择的可食用颜料。重复步骤1~3，调配出壁画需要的所有颜色。

4 快乐地涂色吧!

5 让壁画搁置10分钟，晾干。

6 如果你的作品已经晾干了，把醋倒入喷雾壶中。

7 把醋喷到壁画上。

8 体验化学反应的魅力，观众的惊呼声一定让你很开心吧!

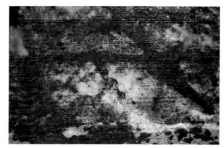

化学与艺术的结合

当你把醋喷到壁画上时，作品会产生化学反应。醋是一种酸性物质，小苏打是碳酸氢钠。当醋与颜料中的小苏打接触时，两者会发生化学反应，形成碳酸。

碳酸具有一定的腐蚀性，且会发生分解，所以会发出嘶嘶声，甚至有气泡出现。这就是化学中的分解反应。碳酸是一种非常容易分解的、不稳定的化合物。

碳酸经过分解，产生水（H_2O）和二氧化碳（CO_2），这就是我们在壁画表面观察到的气泡。

化学式

水的化学式是 H_2O，可以解读为："水是由两个氢原子和一个氧原子组成的。"如果某个元素的缩写后面没有出现数字，例如 H_2O 中的O，那么就意味着该元素只有一个原子。

二氧化碳的化学式是 CO_2，又该如何解读呢？我们可以说："二氧化碳由一个碳原子和两个氧原子组成。"下面是碳酸分解反应的化学方程式：

$$H_2O + CO_2 = H_2CO_3$$

碳酸的化学式是 H_2CO_3。碳酸分子中有三个氧原子，这源于水分子中的一个氧原子和二氧化碳分子中的两个氧原子。

现在你已经知道了字母和数字各自所代表的含义，那么你又该如何翻译这个化学公式呢？

第五章

石头和星球

地球和月亮之间密不可分

月亮本身没有光芒，但是当太阳照向它时，它就会发光。那光亮的部分，我们看得一清二楚。

——达·芬奇，1492~1518年间的笔记本

这句话出现在达·芬奇16世纪早期的一本笔记本中。那么，为了观察月球表面及其特征，我们需要准备些什么呢？这里有几个选项，你会选择哪一个？

双筒望远镜

你自己的眼睛

天文望远镜

天文望远镜似乎是合乎逻辑的答案。但是你会惊讶地发现它并不是一个必需品。月球表面有很多显著的特征，而这些特征我们仅用眼睛或双筒望远镜就能看到。有了装备，我们在任何时候都能去探索月球了。

这里有一个很好的探索月球的理由：月球见证了地球的起源和进化信息，是宇宙的记录者。你可以用眼睛观察到的月球表面特征，比如那些撞击坑，都记录了39亿年前银河系的演变历程。

阿波罗系列飞船在六次太空飞行期间（阿波罗11号、12号、14~17号）从月球上带回了大约382千克的岩石和尘土，这为科学家提供了更多研究样本。想象行星在银河系里互相碰撞的场景。根据我们从地球上看到的月球表面痕迹，我们可以想象月球被其他天体撞击时的样子。美国太空计划收集的样本和影像资料，向我们详细地讲述了这些事件的全过程。

月球是地球唯一一颗非人造卫星，通过对它的研究，我们可以得到有关地球过去和未来的很多重要信息。月球见证了地球上恐龙等物种的灭绝。研究月球对于我们探索如何在另一个星球生存下去也很有帮助。

让我们抬头看看月亮吧！

这张满月时拍摄的照片展现了月亮的表面特征。这是我们在没有望远镜时，从地球上用肉眼看到的场景。

为什么月球不是旋入太空，而是绕着地球转呢？答案是地球对月球施加了引力。地球的体积较大、质量也较大，因此它在拉力比赛中赢得了胜利。月球的质量大约是地球的百分之一，但是月球的质量对地球仍然起着很重要的作用。我们在哪里可以体验到月球的力量呢？答案是潮汐。月球对地球的引力称为潮汐力，这种引力使地球上的水体在旋转过程中发生周期性的涨落现象。潮汐力越大，地球表面水面的浪也越大。

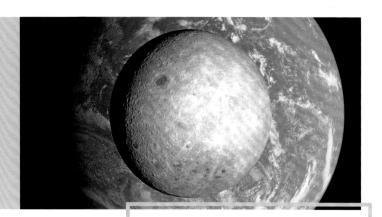

2015年，深空气候观测站（DSCOVR）的EPIC相机在满月时捕捉到了这张地球的正面照。

仰望天空：观月

月球在拉丁语中是luna。月球科学是一个伟大的起点，引导我们探索日常生活中的科学。月亮在天空中的位置意味着什么呢？让我们仰望天空，开始观月吧！收集数据是科学研究的关键，所以我们要抓住机会，通过观测收集更多有关月球的数据。

你需要准备：

日历

铅笔

可以进行观测的庭院、阳台或屋顶

指南针（可选）

一个月内每天花几分钟观测月球并绘制月形图

3 在当天的日历上，做两件事：

a.画一个圆圈，给它涂上颜色，表现当天的月相。涂黑的部分代表月球的暗部。

b.写下观测时间。

你的记录应该和上面的照片看起来差不多。

1 开始你的观测之旅。没有时间限制，只要不是阴天，那么今天就是一个开始观测的好日子。

2 在夜晚或白天寻找天空中的月亮。

新月　　　　　蛾眉月　　　　　上弦月

盈凸月　　　　　满月　　　　　亏凸月

下弦月　　　　　残月　　　　　新月

这张月相图展示了月亮从新月开始到新月结束的八个阶段。仔细观察上弦月和下弦月，它们的区别在哪里？

"我望着月亮，月亮也望着我"：用图表记录月相

将你的观测结果与上图中的月相进行比较。你看到的月亮正处于哪个阶段呢？

月亮的术语

下面是一些观月时会用到的术语。

"盈"是指月亮的可见区域越来越大。这种情况出现在新月之后，满月之前。此时，月亮的右侧被照亮，且被照亮的区域逐渐变多，左侧则在阴影下。我们常常在晚上看到这种月亮。

"亏"意味着月亮的可见区域减少，面积变小。这种情况出现在满月之后，新月之前，月亮的右侧被照亮的区域逐渐变少。月亏有时会发生在白天。

这里有一个可以帮助我们记住月盈、满月和月亏的方法：

如果你在北半球，请记住DOC。

D：代表月盈。如果月亮被照成字母D的形状，拱形在右侧，那么月亮会逐渐变大。D可以让人联想到dog（狗），你可以理解为"狗进来了"。

O：代表满月。

C：代表月亏。如果月亮被照成字母C的形状，拱形在左边，那么月亮会逐渐变小。C可以让人联想到cat（猫），你可以理解为"猫出去了"。

如果你在南半球，月相恰好相反，请记住COD。

凸月是指月球表面一半以上被照亮时的状态。

残月是指月球表面一半以上未被照亮时的状态。

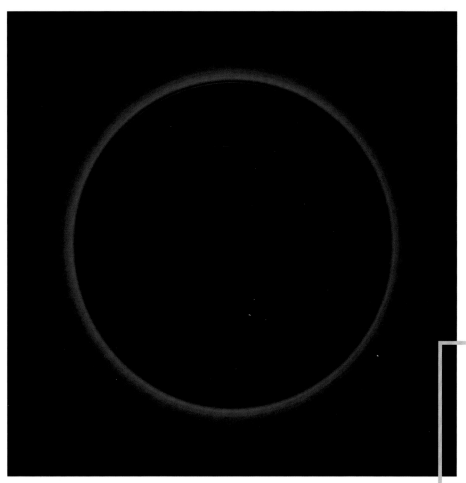

新月：几乎不可见，但又真实存在

根据你第一次的观月经验，月亮是出现在东边、西边还是头顶？你看到的是不是新月？

如果你看不到月亮，有可能是因为云。但如果天气晴朗，月亮就很可能正处于自己的第一阶段，也就是新月阶段。就像图中所示，新月的外轮廓线仍能被观察到。

新月和太阳同时升起和落下——这很容易记住吧！

这是月亮的第一阶段：新月，月亮开始绕地球轨道进行27天的运转。你可以在空中看到它的轮廓。

表格显示了月亮在不同阶段升起和下落的时间点。你可以根据这张表观察月相，收集数据。

	月相	月亮出现的时间	月亮消失的时间
●	新月	日出	日落
◑	上弦月	正午	午夜
○	满月	日落	日出
◐	下弦月	午夜	正午

把月相与太阳和地球联系起来

所有的月光都来自太阳。当月亮在夜空中闪耀时，它的光就是阳光的反射。太阳总是照亮一半的月亮，但我们在地球上看不到它被照亮的那一面。在这个实验项目中，我们将通过一个简单的模型来演示这一点。

你需要准备：

带灯罩的灯（代表太阳）

可以放在手掌中的圆球或圆形水果（代表月亮）

便利贴，贴在球或水果的一侧

一个合作伙伴（你代表地球）

1 面向灯站立，伸出左臂，手握圆球或水果，使贴着便利贴的那面朝向灯光。在这个位置中，你模拟的是新月。请注意，这时月球被照亮的那一面正背对地球。

2 开始向左（逆时针方向）移动手臂，仍使便利贴面对光线。

3 在逆时针移动手臂的同时，慢慢地开始绕着灯（太阳）逆时针走三四步。这是在模拟地球围绕太阳转、月球围绕地球转。

4 继续把球移向身后，当你把头顶上的"月亮"传到右手时，停顿片刻。这个位置代表满月。请注意，月球的亮面现在正面对着地球。

5 继续模拟月球绕地球轨道运行的状态，请一直保持便利贴面对光线的状态。

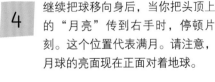

虽然有一半的月亮总是面对太阳，但在地球上，我们会看到月亮呈现半亮、全亮或者不亮的状况。这是为什么呢？我们在地球上的观察角度一直在发生变化，具体原因有以下三点。

月球以逆时针方向绕地球公转。它的运行轨道呈椭圆形。

地球绕着太阳公转，它的运行轨道也呈椭圆形。

太阳似乎在一年中的不同时间以不同的路径在天空中移动。

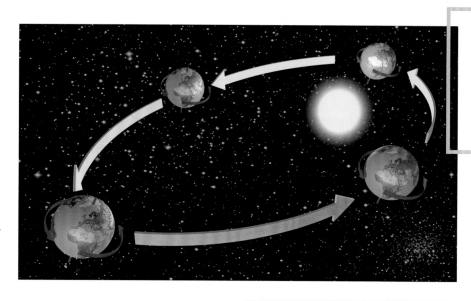

如左图所示，地球绕太阳沿椭圆形轨道进行公转。月球绕地球公转时也是如此。

因月球与太阳之间角度的特殊性，被太阳照亮的一侧也并不总是面对着地球，在之前的模拟实验中我们已经体验到了这一点。因此，当月球绕地球公转时，根据时间的不同，我们有时会看到局部，有时会看到全貌，这就是我们所说的相位。

把这些信息和你收集到的数据放在一起，我们可以得到以下结论：

满月时，月球与太阳位于地球的两侧。它被照亮的一面对着地球。此时在北半球，当太阳从西边落下时，满月从东边升起。

新月时，月球与太阳位于地球的同一边。它被照亮的一面朝向太阳，远离地球，所以我们看不见它。此时在北半球，新月从东方和太阳同时升起，在傍晚和太阳同时下落。

现在你对月球已经有所了解了，你有什么问题想问天文学家呢？这里有一个值得思考并回答的问题：

当太阳和新月同时升起和落下时，从地球上看，天空中哪个天体更亮，是太阳还是新月？

如同我们在地球上看到的那样，在大约一个月的时间里，月亮会出现八个阶段。注意月球绕着地球运转时，它与太阳和地球的关系。

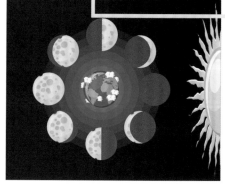

这幅图展现了我们从地球上看到的月相。地球正处在中间位置。

继续探索月球并不断提问

除了地球以外，月球是太阳系中人类目前唯一踏足过的地方。那么，我们为什么要研究月球？为什么我们要如此地关心这块灰色、寒冷而荒凉的岩石？让我们看看这个问题的答案。

想象一下触摸一块月球岩石的感觉，一个关于我们星球起源的物理谜团正等着我们去探索。照片中的样本是由阿波罗太空计划的宇航员从月球上带回来的。

好奇地不断提问

平时，我们可能会连续几天或几周不去观察月亮，但研究月球岩石，即由阿波罗太空计划的宇航员收集的月球样本，已经给科学家们带回了足以形成关键理论点的重要信息。月球表面的岩石使科学家们得出了我们人类存在于地球表面的理论依据，而这些理论同时还解决了很多其他问题，比如说：我们是怎样来到这里的？地球有多大？恐龙究竟怎么了？地球上的生命会持续多久？我们的宇宙是怎样形成的？宇宙中只有我们自己吗？

解锁人类研究月球的秘密也给我们带来了一个体验更多关于知识的机会。那就继续强化我们对此的体验吧！

> 要造一副可以把月亮变大的眼镜。
> ——达·芬奇，1478～1518年间的笔记

这是阿波罗11号航天任务的宇航员巴斯·奥尔德林（Buzz Aldrin）在月球表面留下的靴印。奥尔德林是阿波罗11号的飞行员，1969年7月20日，他是第二个在月球表面行走的人。

任何站在月亮上的人都能看见我们的地球，就像我们看见月亮一样。
> ——达·芬奇，阿姆斯特朗第一个登上月球前541年时的笔记

月球探测

本页的图解将帮助你了解月球表面的重要特征。

专家和业余天文学家都一致认为，观察月球的最佳时间是在上弦月之后的那段时间。在月球科学中，月球的明暗界限是夜晚与白天相遇时的短暂瞬间，这条界限投下的阴影使陨石坑和其他明显特征在月球表面显得格外突出。在这些条件下，我们即使不使用双筒望远镜依然可以观察月球的表面特征。月亮的这条明暗界限出现在满月前4~5天的时间。

在这张月球照片的中心部分，你可以看到一个黑色的虚线圆圈，圆圈内部很亮。这是第谷陨石坑，以及从它的中心"肚脐"里射出的月球物质线。充足的光线让这个月球看上去像一颗好吃的甜瓜。当我们在北半球（在南半球时情况相反）观察时，这个第谷陨石坑位于月球的南部地区。第谷陨石坑的右下角是月球高地。

第谷陨石坑

小行星的撞击是第谷陨石坑的形成原因。整个陨石坑都是在那次行星撞击月球南部地区时形成的，直径约82千米，而我们能看到的"射线"也是在1.1亿年前同时形成的。因这次撞击而弹射出的物质甚至扩散到了1931千米外。从底部到边缘，第谷陨石坑不到4.8千米高。这个陨石坑的斜度和高度看上去都极为陡峭且引人注目。和月球相比，它还很年轻，因为科学家们通过研究样本得出的结论是：月球已经45亿岁了。

在这张照片中，月亮的明暗界交界线在左侧，这是黑暗与光明的分界线，白天和夜晚只有一线之隔。

观察月亮

来参加国际月夜观察小组吧！这是一个全球性的活动，每年10月都会选出一个最佳观月日。你可以从相关网站查询到活动的具体情况。

想看看你生日那天月亮的相位吗？美国国家航空航天局科学可视化工作室将我们与月球的相位、轨道以及其他历年中的细节联系起来。该工作室还可以让我们下载高分辨率的月球图像，甚至是在当下的实时月球照片，每张图上都可以清晰地看到月球表面的陨石坑。

通过颜色的深浅和亮度可以识别月球高地的位置。

1969年，阿波罗11号登月的地点是静海，那是一个地面平坦的区域。与月球高地相比，深灰色的"海"看起来是多么温和安详啊。

月球高地

从北半球观察第谷陨石坑时，它的右下角就是一个典型的月球高地。这些是被小行星和其他撞击物不断冲击后形成的古老而又粗糙的表面特征！它们呈现为白色且非常明亮，极易被观察到。月球高地是月球上最古老的地壳，是由月球内部流出的熔融岩石形成的。

哥白尼陨石坑

哥白尼陨石坑直径近100千米，比第谷陨石坑直径大，位于其东北部。在那里，你会看到一个又大又亮的圆圈，周围环绕着一些颜色较暗的物质。那就是哥白尼陨石坑。借助双筒望远镜进行仔细观察，你看到大陨石坑中央地面上的山峰吗？形成哥白尼陨石坑的那次撞击所产生的月球物质射线延绵到了800千米外。在形成年代上，它与第谷陨石坑一样，也是一个相对年轻的陨石坑，陨石坑的边缘清晰可见。

宁静的海洋（静海）

在月球高地的右上角是静海。这里的"海"指的是由冷却的月球熔岩形成的"海洋"，肉眼来看，它是深灰色的光滑表面。早期的天文学家把它称为"月海"，因为他们觉得这是月球上的水。那么"海"是怎么形成的呢？当太阳系还很年轻的时候，小行星在撞击月球时形成了陨石坑。而在3亿~38亿年前，月球上发生大型的熔岩喷发，熔岩流入陨石坑，并把它们填满，结果便形成了"海"。八次阿波罗登月都是在月海附近进行的，而在静海中探索的阿波罗11号的宇航员尼尔·阿姆斯特朗和巴斯·奥尔德林更是成为第一批在月球上行走的人类。

想象那些不可思议的东西：撞击物和近地天体

你能想象地球上的生命始于外太空吗？彗星和小行星在4.6亿年间似乎都没什么变化？你可以在厨房里创作一颗彗星出来吗？

这些想法中的每一个都基于科学事实。本节中，我们将真的建一颗彗星出来。让我们继续努力，体验一下这个看似难以想象的事情。

小而无意义的数十亿年

这里的"小"是在宇宙中相对意义上的小。宇宙空间巨大。举个例子：当你望向夜空并且能够看到离我们太阳系最近的恒星比邻星时，其实你正注视着4光年以外的东西。光年是距离的一种衡量标准，比邻星发出的光线需要4.25年才能到达地球。当我们朝着它许愿时，看到的其实是4年多以前的比邻星放射出的光芒。"比邻"的意思是"靠近"，但这颗离地球最近的恒星实际上是在距离我们38万亿千米之外的地方。宇宙的空间多么广袤啊，在这个空间中，足球场都小如尘埃。

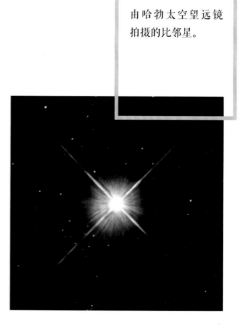

由哈勃太空望远镜拍摄的比邻星。

小行星、彗星和流星被称为"小星体"，这是因为它们的大小还不能成为行星。现在，让我们用另一种观察视角来看待空间尺度关系吧。别忘了，地球的直径大约是12800千米，相当于在美国高速公路上不间断地行驶约150小时的路程。相比之下，最大的小行星维斯塔（四号小行星）的直径约为526千米——换句话说，地球的大小是这颗行星的24倍。

小行星、流星和彗星：小星体之间的巨大差异

小行星

小行星是围绕太阳运行的大块岩石和金属物质。它们存在于太阳系内部相对温暖的区域，位于火星和木星的轨道之间。在那里有一个小行星带，一条太阳系中大多数（但不是全部）小行星的行进道路。

流星

流星是一些可以破坏绕太阳运行的小行星或彗星的小碎片。当流星体进入地球大气层时，它就变成了一颗流星，距地面约10000千米。地球大气层和一颗疾驰而过的星体小碎片——即陨石之间的摩擦能将它快速点亮，并在天空中发出一连串耀眼夺目的光芒。有些人称这些为"流星"。但现在你知道了，这所谓的"流星"其实只是一块被照亮的岩石罢了！陨石是一种落在地球表面而不会蒸发的流星。

彗星

彗星是白雪皑皑的泥球。结合水、泥土、冰、灰尘、氨基酸、甲烷和更多的泥土后，你将拥有一颗彗星。彗星围绕太阳运行，当它们靠近太阳时，它们会升温。热量使它们在升华时增大，或从冷冻的固体转变为气体。一颗炽热的彗星可能变得比一颗行星还大，并且可能会出现一条由尘埃和气体混合而成的尾巴，并从太阳开始往外延伸数十万千米。虽然它们不在我们的大气层中，但是，从地球上也可以看到彗星。

地球生命体的影响因素

这些"天体冲击者"是如何影响你的世界的？以下是四个令人震惊的事件。

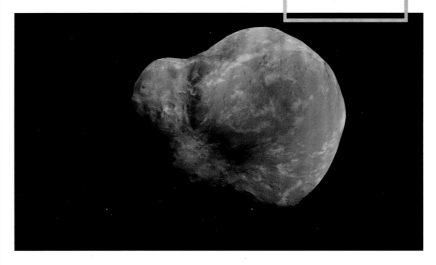

这是美国国家航空航天局从火星和木星轨道之间的小行星空间带传回的影像。

冲击1

当太阳系在46亿年前形成时，小行星是由岩石和金属组成的，它们彼此相连，且没有空气。和行星一样，它们也绕太阳运行。超过150颗小行星有自己的卫星。虽然它们按宇宙体量标准来看很小，但它们撞击月球后形成的巨大撞击坑，我们从地球上也可以清晰地看见，例如前文中所提到的第谷陨石坑和哥白尼陨石坑。

冲击2

最新的科学理论认为，月球是在45亿年前形成的，当时，有一个地球一半大小的撞击者与地球相撞并碎裂。撞击地球时，这位撞击者的碎片还与冲击后形成的地球碎片黏合在了一起。这一事件明确了小天体对地球的影响，也成了月球的"巨大冲击理论"的基础。

包括地球在内的任何物体的直径，都是穿过其中心点的直线长度。如果要撞击地球，撞击者的直径必须大于30米。

冲击3

科学家们推测，恐龙的大规模灭绝是地球上的生命体发生巨大变化的一个重要组成部分。那么，这个行星大灭绝的核心原因是什么？当然是小行星这个罪魁祸首了。当时，太空撞击者袭击了现在的墨西哥尤卡坦，而当年的撞击点则形成了今天的希克苏鲁伯陨石坑。对于生活在墨西哥半岛上的恐龙来说，当日，袭击地球的这颗火球看起来可比太阳大多了，也亮多了。

冲击4

地球表面的岩石之所以可以生长植物，归功于水和有机物。科学家们推测，这些元素是彗星带到地球上的。彗星主要由冰和泥组成。2016年，在航天器罗赛塔收集的彗星尘埃中发现了甘氨酸。甘氨酸可以构建生命所需的蛋白质和分子，对于人类来说非常重要。

为下一次撞击随时做好准备？

是的，科学家们时刻准备着！美国国家航空航天局利用其碰撞监测系统"哨兵"不断监视着宇宙中的星球撞击体。"哨兵"会自动扫描太空中的小行星，以判断在未来100年内是否会出现撞击地球的小行星。

每天有100多吨的空间碎片颗粒与地球碰撞，只是，它们是那种比沙粒和尘埃更小的颗粒。

美国国家航空航天局说，大约每年都会有一辆汽车大小的小行星进入地球大气层，像巨大的火球一样在天空中燃烧，然后在撞击前蒸发。

近地天体从它们的行星轨道到地球的距离究竟有多近呢？美国国家航空航天局的行星科学部致力于小行星和彗星轨道的探测，而正如科学家们预测的那样，它们的轨道将把小行星和彗星带到离地球800万千米以内，这就是我们所称的"近地"。如果要到达地球表面，那么撞击者的直径就必须大于30米。

大气中没有燃烧掉的大部分物质都会以尘埃粒子的形式到达地球。

彗星尘埃中发现的甘氨酸为科学理论提供了依据，即当彗星较年轻时，其撞击地球的行为成为地球生命的基石。也就是说，地球上生命形成的必要元素来自太空。

近地天体为我们带来了原始生命

小行星和彗星被称为近地天体，因为它们已进入了地球的邻近空间。那么谁是我们的邻居呢？太阳、我们的月球、小行星、彗星和行星水星、金星，还有火星都是地球的邻居。

近地天体使科学变得令人兴奋，因为它们的存在，我们就可以近距离观察太阳系的形成过程。就像假期过后冰箱里残存的食物一样，它们虽然是"剩菜"，却拥有最古老的信息，所以，它们也是原始的"剩菜"，从46亿年前进入了我们当今的世界，为我们带来了早期太阳系中的一部分。而且，在这段时间里，它们基本上也没有发生变化。如果有科学家们想知道行星形成时的化学混合物，小行星和彗星就都是这方面的专家。

如果要看清这些小天体中的一个是如何近地，甚至好像刚刚撞击了地球一样，我们就直接做一个吧！

构建一颗"彗星"，创造一颗宇宙雪球

这个实验很安全，但你必须戴上厚重的手套和护目镜，因为实验所用的干冰将冻结它接触到的一切，它会释放出大量白色的气体，所以，它周围空气中的水分也会被冻结。当然，这也使得干冰的使用变得更加有趣。要在通风良好的房间进行此实验项目。

你需要准备：

几个合作伙伴

通风良好的房间

橡胶手套

护目镜

大型搅拌碗（不能再用于盛放食物）

两个厨用垃圾袋（57升）

1升水（彗星由大量的水和冰组成）

0.5升泥土（这代表彗星中的灰尘、铁和其他矿物质）

15毫升深色玉米糖浆（代表彗星核心位置的有机物，由碳基分子组成，是所有已知生命形式中的重要组成部分）

15毫升甘氨酸（可在杂货店和食品商店购买）或醋

15毫升氨基窗户清洁剂（代表彗星中的氨）

将2.3千克干冰粉碎成粉末，储存在隔热容器中

大勺子（最好不要再作为餐具）

手电筒

吹风机

放置"彗星"残骸的水槽

在开始之前，你需要购买2.3千克的颗粒或块状干冰。将干冰放入垃圾袋，用木槌将其碾碎。将压碎的干冰放入隔热容器中，直到准备好随时可以将其加入"彗星"混合物中。

戴上手套和护目镜！

1

将一个塑料袋套在搅拌碗上。

2

3 按照以下顺序将"彗星"成分放入碗中：

水
泥土
玉米糖浆
甘氨酸或醋
窗户清洁剂

4 充分混合。

5 预测一下，在混合物中加入干冰后会发生什么呢？将你的假设记录在笔记本中，这就是你想要测试的核心内容。

6 将干冰加入混合物中。

7 提起塑料袋的两侧，将其挤成一团。当干冰把水冻结起来时，塑料袋中的混合物就会定型了。

小贴士：如果还不能形成团块，请慢慢加入更多的水。

9 假设彗星表面附近有光和热空气，会发生什么呢？

10 模拟彗星围绕太阳运转的情况：手持手电筒和吹风机，同时指向"彗星"表面。

8 一旦水看上去已经冻结并形成了团块，小心地从袋子中取出"彗星"。它就像外太空中的彗星一样，你的模型也是冰冷、肮脏、嶙峋且凹凸不平的。你甚至还可能看到你的"彗星"像喷气式飞机一样喷出尾气！

海尔-波普彗星于1997年在地球的夜空中划过。它的运转周期是2380年，意味着我们只有等到4377年才能再次从地球上看到它。

测试结果怎么样？你的预测是否正确？

让我们来解释一下。吹风机代表太阳风，手电筒则代表了太阳辐射。彗星由三个部分组成：

彗核：彗星的中心

彗发：由气体和尘埃组成，它们环绕在彗核周围，是彗核的蒸发物。彗核和彗发都是彗星头部的组成部分。

彗尾：是在太阳辐射和太阳风将彗星（尘埃和气体云）推离彗核时形成的。太阳风是从太阳日冕流出的不间断物质流。

当一颗彗星环绕太阳运行时，冰会变成气体。请注意，它是直接从固体变成了气体，没有经过液体这个状态，这就是升华。你可能已经观察到，干冰也会升华。

当太阳加热彗星时，彗星会变大，因为它正在蒸发，同时释放气体和尘埃，并形成彗发，这就是升华过程中最令人印象深刻的地方。随着彗星尺寸的增大，它就会从小镇般大小变得像一座小城市那么大了。

彗星有两条尾巴，它们远离太阳。彗尾不是从彗星后面流出来的，尽管从地球上看起来它们可能是这样。一条尾巴由尘埃构成，一条尾巴由气体或等离子体构成。太阳辐射将尘埃推离太阳形成尘埃尾巴。同时，太阳风将彗星的离子吹开，形成等离子体尾巴。

你就是宇宙的参照物

10°

理解深度与角距离

天空是广袤无垠的，如果天文学家要测量天体之间的距离，例如两颗恒星之间的距离，那他们就会将此距离表示为两者之间的角度，也就是角距离，它是以度数测量的。幸运的是，我们可以用伸出的手掌来估量夜空中不同天体之间的分离度或角距离，它是测量的好工具。

比方说，大熊座的北斗七星，它的勺子有一拳头宽，或者大约10度宽。这里说的"大约10度"，是因每个人手掌大小和形状的不同而产生的结果。如果我们用专业手法严谨地测量这条线，就会发现我们的测量值是10度，非常接近这两颗星星之间的精确测量值10.2度。

达·芬奇认为，宇宙拥有宏伟的结构，而我们人体则是宇宙的缩影，它对称和谐，是一个完美的缩小体。他从中看到了万物之间的联系。

和达·芬奇一样，把自己作为参照物，对夜空进行测量。

请把天空想象成一个大圆圈，再想象地球在那个圆的中心。圆圈大约360度，当我们站在地球上观察比地球更大的球体和天空时，我们只能看到它的一半。360度的一半是180度，而圆的另一半正在地平线以下。

当我们从地球上站立的地方往上直视时，我们正在观察天顶。如果我们从站着的地方画一条直线，它就会与地平线呈90度。天顶总是和地平线呈90度。

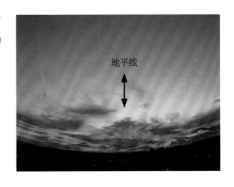

地平线

用手丈量天空

在很多行业里，人们长期使用人体作为测量工具。例如，画家作画时就会用头测量所绘对象的身体比例。如今，天文学家仍然会用手测量天体，我们也来挑战一下吧！在我们尝试这种传统的测量方法前，要先掌握一些基本的实践技法。

把一只胳膊伸长，同时支起手掌，使之和身体保持着一个手臂的距离，闭上一只眼睛。

25度

尽量向左右伸展你的小手指和拇指。这两者之间的距离大约是25度。

15度

直起你的食指和小手指，尽量使两者往相反方向延伸。这两者之间的距离大约是15度。

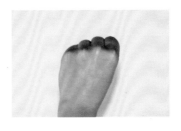

10度

握紧拳头，手臂保持和身体的直线距离，手背面向自己。这时，你拳头的直径是10度。

当我们把自己看成是测量宇宙的参照物时，最好记住，大脑才是我们最好的工具。

5度

把这三根手指竖起来且并拢在一起，这就是5度。

1度

直起你的小手指，手臂保持和身体的直线距离，小手指的宽度是1度。

你就是最棒的参照物

不用直尺或卷尺，你就可以测量夜空和周围的世界。回顾一下你所拥有的工具：

手掌的宽度

拳头的直径

三指宽

小指的宽度

大脑

变身天文学家：
测量夜空

为这个令人瞠目结舌的实验项目进行充分的准备。

想想你家附近的夜空：你住的地方能看见星星吗？许多城市正努力以减少人造光污染的方法保护夜空，星空是一种宝贵的自然资源。你可以从国际夜空协会了解更多关于这个项目的信息。

去美国国家航空航天局喷气推进实验室提供的夜空规划者项目看看。此资源包括：

1.你所在地的天气预报，这样你就会提前知道哪天的夜空晴朗，并适合观测。

2.某个时间对应的星图。天空总是在移动！一张星图显示了星座、行星、银河系、月相当时的特征和位置。这张图还列出该用眼睛、双筒望远镜还是天文望远镜来进行观测。

记住，地球所在的银河系大约有1000亿颗恒星。银河系宽约10万光年，它如此辽阔，以至于当我们的行星处在银河系里的时候，我们仍然可以看到银河系的星带横跨夜空。继续观察地球之外的宇宙空间，是的，还有数十亿的星星正在等待我们去探索。

科罗拉多州落基山国家公园的百合湖上空拍摄的银河系。银河系是由恒星及其星团、星云，以及尘埃和气体组成的庞大系统，银河系的存在催生出了更多的恒星，甚至宇宙中看不见的暗物质。是引力把星系连在了一起。

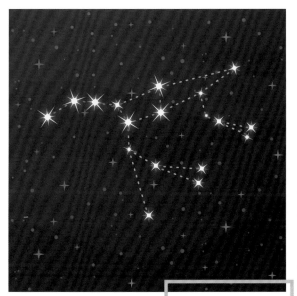

包括北斗七星在内的
大熊座星图。

北斗七星勺口的两颗星指向北极星。北极星是位于小熊星座最尖端的恒星。小熊座，又称小北斗七星。如果你站在北极向上看，北极星就在你的头顶。

1 在你的笔记本上记下你的观测时间和地点。

2 以你的手为工具，测量星星之间的角距离。当你绘制星图时，问一下自己这些问题：

北斗七星和北极星之间有多少度？

小北斗七星（小熊座）的手柄长度是多少度？

大北斗七星手柄处的最后一颗恒星和大角星之间是多少度？大角星是牧夫座中最亮的黄橙色恒星。

处女座全长有多少度？

3 现在，在夜空中找到星座！

4 在笔记本上记录你观测的天体、天体之间的度数以及每个天体的度数。

处女座。角宿是其中最亮的恒星，位于星座的底部。

牧夫座。右边最亮的恒星是大角星。

天文学

在本章中，你观察和绘制了月球，了解了近地天体，创建了彗星，还测量了夜空，你深深地体验到了天文学的魅力。天文学是研究太空和恒星的科学。

科学作家说天文学是科学的"阿尔法"和"奥米加"。这意味着它是开始也是结束（α和ω分别是希腊字母表的第一个字母和最后一个字母）。在这里，我们开始有了对科学的好奇心，随后提出疑问，并进行实验，得出结论，最后不由自主地生出对自然的敬畏感。这也是好奇心和求知欲给我们带来的终极状态。在这里，因为天文学的存在，我们与宇宙、太阳系、行星和"物理自我"的起点联系在了一起。科学家研究外太空，以收集早期的太阳系数据及其形成原因，并开发技术，使人类在地球以外的地方旅行和生活。探索太空是人类最终需要思考的问题，而科学则是我们进行探测研究的工具。

科学也是达·芬奇作品的开始和结束。对达·芬奇来说，绘画、雕塑、素描和工程是一个整体，发明和建筑是一个整体，然而在所有的组合中，科学才是基石。

科学是——

观察世界，

听，

记下你所观察到的和听到的，

测试你的假设，

再次测试，

保持好奇心，

多问为什么，

并且想象所有的可能性。

在下一个实验中，科学又将扮演什么角色呢？

第六章

给达·芬奇写一封信

详述你在本书中
获得的经验

写出"我能做什么"

达·芬奇大约三十岁时准备找工作，所以他写信给意大利米兰公爵，并在其中展示了自己的才华。在信中，他列举了自己做过的十件事，这对公爵来说很有吸引力，并使公爵最终接受了他的自荐。下面就是信中的一个例子：

"我设计过轻盈但又非常坚固的桥梁，可以用于运输。"

公爵是个军人，于是达·芬奇非常实际地提出自己可以胜任军事工程师。达·芬奇描述的最后一项技能便是他的艺术能力。他写道：

"此外，我还可以用大理石、青铜和黏土来创作雕塑。在绘画方面，我无所不能，我能做到其他任何人会做的任何事。"

达·芬奇相信自己的能力。那时，他曾设计过桥，但从未真正建造过一座桥；他还没画出《蒙娜丽莎》，甚至几乎没有开始记笔记本！但是，他在信中充分展示了他已经拥有的能力，以及他将来可能掌握的技能。

这是1482年达·芬奇写给米兰公爵卢多维科·斯福尔扎的信。

写一封信

给达·芬奇写一封信吧，感谢他给你的灵感，介绍那些你已经掌握或者即将具备的技能。用"现在时"写信，就好像你已经可以做任何你想做的事一样！

在信中描述你从这本书的实验中获得的经验，并且叙述一些你准备去做但还没有做的事情。

将你的信寄给达·芬奇，或者其他鼓励你思考"你想做什么"和"你想成为怎样的人"的人。

就像达·芬奇向公爵求职时一样，用下列句子介绍自己。顺便说一下，最后，达·芬奇得到了这份工作。

概述你的经验

我已经设计了……

我知道如何去做……

我有一些方法去做……

我有很多种……

我有办法去做……

我会做……

在……领域，我可以做任何事情。

现在就开始写吧。全世界都在等待天才的诞生！

原版书资源

TEXTS CONSULTED FOR THIS BOOK

Art & Geometry: A Study in Space Intuitions, William M. Ivins, Jr. Dover Publications, Inc., 1964

Becoming Leonardo: An Exploded View of the Life of Leonardo da Vinci, Mike Lankford, Melville House, 2017

Leonardo da Vinci, Walter Isaacson, Simon and Schuster, 2017

The Notebooks of Leonardo da Vinci, Arranged, translated, and introduced by Edward MacCurdy Garden City Publishing Co., Inc., 1942

The Notebooks of Leonardo da Vinci, Edited by Irma A. Richter, Oxford University Press, 1952

The Science of Leonardo, Fritjof Capra, Doubleday, 2007

Leonardo da Vinci, Kenneth Clark, First printed: Cambridge University Press 1939, Penguin Books, 1993

HELPFUL ONLINE RESOURCES

American Museum of Natural History, www.amnh.org

Ask Nature, www.asknature.org

Buckminster Fuller Institute, www.bfi.org

Cooper Hewitt, Smithsonian Design Museum, www.cooperhewitt.org

The Cornell Lab of Ornithology, www.birds.cornell.edu

Denver Museum of Nature & Science, www.dmns.org

Exploratorium, www.exploratorium.edu

Fundamental Science at Columbia University, https://science.fas.columbia.edu/fundamental-science

Harvard Museum of Natural History, www.hmnh.harvard.edu/home

Hayden Planetarium, American Museum of Natural History, www.amnh.org/our-research/hayden-planetarium

International Dark-Sky Association, www.darksky.org

John Muir Laws, www.johnmuirlaws.com

Khan Academy, www.khanacademy.org

The Leonardo, www.theleonardo.org

Leonardo da Vinci Museum, www.mostredileonardo.com

Lemelson Center for the Study of Invention and Innovation, www.invention.si.edu

Little Shop of Physics, www.lsop.colostate.edu

Make Magazine, www.makezine.com

The Metropolitan Museum of Art, www.metmuseum.org

MIT Museum, https://mitmuseum.mit.edu

The Museum of Modern Art, www.moma.org

Museum of Science, www.mos.org

Museum of Science + Industry, Chicago, www.msichicago.org

National Museum of Mathematics, www.momath.org

NASA, www.nasa.gov

NASA Jet Propulsion Laboratory, California Institute of Technology, www.jpl.nasa.gov

National Gallery of Art, www.nga.gov

National Geographic Society, www.nationalgeographic.org/education

National Geographic TV, www.nationalgeographic.com/tv

National Renewable Energy Laboratory, www.nrel.gov

PBS Kids, www.pbskids.org

Science Channel, www.sciencechannel.com

Smithsonian Museums, www.si.edu/museums

原版书图片来源

All photos by Heidi Olinger, except those listed below.

BRIDGEMAN IMAGES

PAGE 4: Reconstruction of da Vinci's design for a bicycle (wood), Vinci, Leonardo da (1452–1519) (after) / Private Collection / Bridgeman Images XOT366466

PAGE 7: *Mona Lisa*, c.1503–6 (oil on panel), Vinci, Leonardo da (1452–1519) / Louvre, Paris, France / Bridgeman Images XIR3179

PAGE 8: Ms B fol.89r Take-off and landing gear for a flying machine, 1487-90 (pen & ink on paper), Vinci, Leonardo da (1452–1519) / Bibliotheque de l'Institut de France, Paris, France / Alinari / Bridgeman Images ALI271496

PAGE 17 (right): Portrait of Leonardo da Vinci, 1789 (tempera & engraving on paper), Lasinio, Carlo (1759–1838) / Museo Leonardiano, Vinci, Italy / Bridgeman Images XOT361883

PAGE 18 (right): Codex on the flight of birds, by Leonardo da Vinci (1452-1519), drawing folio 8 recto / De Agostini Picture Library / Bridgeman Images 648548

PAGE 21 (bottom left): Model reconstruction of da Vinci's design for a beating wing (wood and cloth), Vinci, Leonardo da (1452–1519) (after) / Private Collection / Bridgeman Images XOT366472

PAGE 31 (right): Leonardo da Vinci's (1452–1519) drawing for flying machine with human operator / PVDE / Bridgeman Images PVD1685175

PAGE 70: Studies of flowing water, c.1510-13 (pen & ink on paper), Vinci, Leonardo da (1452-1519) / Royal Collection Trust © Her Majesty Queen Elizabeth II, 2018 / Bridgeman Images ROC412170

PAGE 79 (right): Reconstruction of da Vinci's design for a speed gauge for wind or water (wood & metal), Vinci, Leonardo da (1452-1519) (after) / Museo Leonardiano, Vinci, Italy / Bridgeman Images XOT366463

PAGE 89 (left): A page from the Codex Leicester, 1508-12 (sepia ink on linen paper), Vinci, Leonardo da (1452-1519) / Private Collection / Photo © Boltin Picture Library / Bridgeman Images XBP341803

PAGE 98 (left): *Profile of a Young Fiancee* (Chalk, pen, ink and wash tint on vellum), Vinci, Leonardo da (1452-1519) / Private Collection / Bridgeman Images XOS702752

PAGE 104 (bottom): Detail from the nave, Basilica di San Lorenzo, Florence (photo) / Bridgeman Images BEN694665

PAGE 117 (bottom): Full Moon crossing in front of a Full Earth, 2015 / Universal History Archive / Bridgeman Images UIG3508132

PAGE 138: Letter from Leonardo to Ludovico il Moro, the duke of Milan. Biblioteca Ambrosiana, Milan, Italy / De Agostini Picture Library, Bridgeman VBA437162

SHUTTERSTOCK

Pages 6, 10, 12–14, 18 (left), 19–20, 21 (top and right), 24, 30, 31 (left), 32, 34 (bottom), 35, 39–40, 41 (left), 44, 46, 47 (top left and right), 48, 50 (top), 51–53, 57 (middle and bottom rows), 59–65, 67–68, 71, 73–75, 78 (center and right), 79 (left), 80, 82 (top), 88, 89 (right), 90–91, 96–97, 98 (right top and bottom), 102, 104 (top), 105, 107, 111 (right), 112, 116, 117 (top), 118 (left), 119–125, 127–128, 131–132, 133 (all top), 134–136, 139

ESA/HUBBLE & NASA

Page 126

关于作者

海蒂·奥林格是作家，也是非营利组织Pretty Brain的创始人。该组织设计了一系列STEAM项目【STEAM取自五个单词的首字母缩写，即科学（Science）、技术（Technology）、工程（Engineering）、艺术（Arts）、数学（Mathematics）】，致力于提升21世纪女孩们的创新意识、问题解决能力和领导能力。由于其在教育等领域的卓越成就，海蒂·奥林格被博切尔基金会评选为2017年影响科罗拉多的杰出女性。在丹佛世贸中心举办的国际设计展上，她以STEAM项目为灵感设计的女童服装获得了最高荣誉"妈妈选择奖"。在Pretty Brain组织的帮助下，女孩们开始自行组建公司，并将自己的经验传授给新人，帮助她们申请奖学金，甚至运用STEAM项目改善他人的生活。这让海蒂感到无比欣慰。

海蒂一直在科罗拉多大学博尔德分校任教，喜欢通过实验教学和实践操作来帮助学生学习知识。她还是美国国家科学基金会创新团队的教师。

她拥有威斯康星-麦迪逊大学和科罗拉多大学博尔德分校的本科学位，以及哈佛大学教育学院的研究生学位。她曾在TED演讲，深入探讨了如何帮助女孩克服自己的刻板印象，发现科学和数学的价值，如何通过STEAM项目让女孩继续学习并获得成功。

海蒂和她的救护犬帕奇斯住在科罗拉多州的一个历史文化名镇。

图书在版编目(C I P)数据

达·芬奇的科学实验室 / (美)海蒂·奥林格(Heidi Olinger)著；王凯译.
一上海：上海译文出版社，2020.1
(创意"玩"课堂)
书名原文：Leonardo's Science Workshop
ISBN 978 - 7 - 5327 - 8180 - 5

I.①达… II.①海… ②王… III.①科学实验—少儿读物
IV.①N33 - 49

中国版本图书馆 CIP 数据核字(2019)第089065号

图字：09–2019–182号

达·芬奇的科学实验室

【美】海蒂·奥林格 著　王 凯 译
选题策划 / 张 顺　责任编辑 / 赵 平　特约策划 / 周 歆　封面设计 / 柴昊洲

上海译文出版社有限公司出版、发行
网址：www.yiwen.com.cn
200001 上海福建中路193号
上海中华商务联合印刷有限公司印刷

开本889×1380　1/24　印张6　字数80,000
2020年1月第1版　2020年1月第1次印刷

ISBN 978–7–5327–8180–5 / J·046
定价：68.00元